自然传奇

生物如何认知世界

主编：杨广军

U0326155

花山文艺出版社

河北·石家庄

图书在版编目（CIP）数据

生物如何认知世界 / 杨广军主编. —石家庄 ：花
山文艺出版社，2013.4（2022.3重印）

（自然传奇丛书）

ISBN 978-7-5511-0934-5

Ⅰ.①生… Ⅱ.①杨… Ⅲ.①生物－青年读物②生物
－少年读物 Ⅳ.①Q1-49

中国版本图书馆CIP数据核字（2013）第080107号

丛 书 名：**自然传奇丛书**
书　　名：生物如何认知世界
主　　编：杨广军

责任编辑：尹志秀　甘宇栋
封面设计：慧敏书装
美术编辑：胡彤亮
出版发行：花山文艺出版社（邮政编码：050061）
　　　　　（河北省石家庄市友谊北大街 330号）

销售热线：0311-88643221
传　　真：0311-88643234
印　　刷：北京一鑫印务有限责任公司
经　　销：新华书店
开　　本：880×1230　1/16
印　　张：10
字　　数：150千字
版　　次：2013年5月第1版
　　　　　2022年3月第2次印刷
书　　号：ISBN 978-7-5511-0934-5
定　　价：38.00元

目 录

◎ 视觉 ◎

各尽所能——无脊椎动物的感光 ……………………………………… 3

远近高低各不同——脊椎动物的视觉器官 …………………………… 9

最高等的动物 ——人的心灵之窗 ……………………………………… 14

哪些动物视力最好——动物视力大比拼 ……………………………… 18

眼睛都能看到色彩吗——动物的色觉 ………………………………… 23

◎ 听觉 ◎

聆听天籁之音——人的听觉 …………………………………………… 29

功能奇特的耳朵——不同动物的听觉比较 …………………………… 33

超声波和次声波——感受人类听不到的声音 ………………………… 41

◎ 嗅觉 ◎

人体的嗅觉器官——鼻子 ……………………………………………… 49

最高等的无脊椎动物——昆虫的嗅觉 ………………………………… 54

水能影响动物的嗅觉功能吗——水生动物的嗅觉 …………………… 58

自然传奇丛书

生物如何认知世界

陆生脊椎动物的嗅觉——爬行动物和鸟类 ·········· 61
陆生脊椎动物的嗅觉——哺乳动物 ·············· 65

◎ 味觉 ◎

人的味觉器官——舌 ························ 75
不同动物的味觉功能一样吗——动物味觉比较 ······· 80

◎ 皮肤的感觉 ◎

人皮肤里的各种感觉——触觉、温度觉、痛觉 ······· 87
各有千秋——不同动物的触觉器官 ·············· 92
动物的自我保护机制——痛觉 ················· 96
知冷知热的感觉——温度觉 ·················· 100
动物的体温——恒温动物和变温动物 ············ 104

◎ 神奇的第六感 ◎

动物是灾难报警器——动物对灾害的预测 ·········· 111
动物为什么不迷路——神奇的导航能力 ··········· 117
人所不具备的能力——动物特有的感觉 ··········· 124
动物第六感的故事——引发人们的猜想 ··········· 129

◎ 感受美好生活 ◎

色香味俱全——感官与饮食 ·················· 135
色彩搭配和谐——营造温馨家居 ··············· 143
把失去的找回来——感官功能再现与克隆 ·········· 151

自然传奇丛书

视　觉

　　视觉是所有动物感知环境、生存繁衍所必须具备的能力。在空中飞行的鸟类、在开阔地面上活动的哺乳动物都要依靠视觉来获取食物和逃避天敌。但是，许多野生动物的视觉跟人类的视觉有很大的差异，它们眼中看到的物体跟我们看到的经常会有所不同。动物眼中的世界或许不像我们看到的那么丰富多彩，它们只看到它们想看的东西，对不相关的东西常常视而不见，这是最有效率的视觉模式。

　　视觉可分为对物体细节、色彩、距离的辨别能力，视野开阔的程度、对光线的敏感程度以及用目光集中注意力的能力等等多个方面。上述各项能力都出色的动物并不多，很多视力出色的动物对色彩的感觉却出奇地差，还有不少动物只能分辨运动着的物体，而对近在咫尺的静止物体却视而不见。

各尽所能——无脊椎动物的感光

几乎所有生物都有感光的功能。绿色植物没有特定的感光器官，但却能随光源方向的改变而调整茎、叶的位置，有利于进行光合作用；而动物感受光则是为了接收光所携带的信息，动物一般都有专门的光感受器。不同的动物感光器官的结构和功能不同，即使是最简单的原生动物也能感受到光线的刺激。

眼虫与眼点

眼虫是单细胞生物，在运动中有趋光性，这是因为在鞭毛基部紧贴着储蓄泡有一红色眼点，而在靠近眼点近鞭毛基部还有一膨大部分为光感受器，能接受光线。眼点呈浅杯状，是吸收光的"遮光物"，光线只能从杯的开口面射到光感受器上。眼点处于光源和光感受器之间时，眼点遮住了光感受器，并切断了能量的供应，于是在虫体内又形成另一种调节，使鞭毛摆动，调整虫体运动，让光线连续地照到光感受器上。所以，眼虫必须随时调整运动方向，趋向适宜的光线。

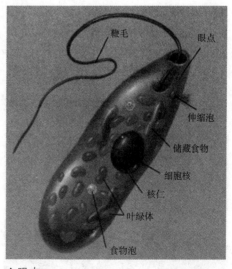

▲眼虫

眼点和光感受器普遍存在于绿色鞭毛虫，这与它们进行光合作用的营养方式有关。

自然传奇丛书

涡虫的"眼睛"

▲海产涡虫

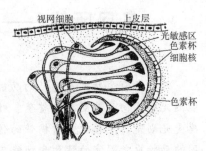

▲涡虫眼

（图示标注：视网细胞　上皮层　光敏感区　色素杯　细胞核　色素杯）

　　涡虫的光感受器已有"眼"的初步结构。涡虫有的有一对眼，有的有多对眼。涡虫的眼是由在色素杯内的一组感光细胞组成，神经纤维从杯口进入杯中，末端膨大，并有条纹，形成"杆状缘"，有感光的功能。涡虫的眼没有晶状体，不能成像，所以仅是单纯的光感受器。

　　涡虫多数种类避光，淡水涡虫若去掉眼，也能避光，可能除眼感光外，在体表的上皮层中也分布有感光细胞。

昆虫的感光

▲白蚁

　　有的昆虫靠体表感光，如白蚁和蚜虫；大多数昆虫还可以用单眼来感光。

　　白蚁长期在地下巢穴中生活，它们没有眼，它们会利用体表的感光能力对光做出相应的反应。多数个体怕光，但有翅成虫飞离旧群体，建立新群体时，光是不可缺少的重要条件。

　　蚜虫经过一系列的孤雌生殖后就转入有性生殖，这主要也是通过皮肤的感光刺激而发生的转变。

昆虫的单眼也有感光作用。单眼由许多小网膜细胞组成，它们的周围有色素细胞，上面盖有透明的晶状体和角膜，单眼能感光，但不能成像，单眼大概与昆虫飞翔时的定向、定位有关。

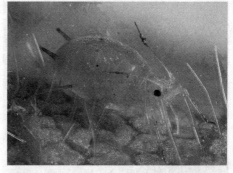

▲ 蚜虫

昆虫的复眼

　　昆虫的复眼是由许多小眼所组成。从表面看，每个复眼表面有许多凸出的小单位，称为小眼面。每个小眼面加上它下面的结构形成一个小眼。复眼是由不同数目的小眼所组成，少的如工蚁的复眼仅由 12 只小眼组成，多的如蜻蜓的复眼由 28000 个小眼组成。

　　昆虫的小眼表面是角膜，一般呈六角形，角膜下是晶状体。角膜和晶状体都有折光的作用。晶状体下的小网膜一般由 8 个小网膜细胞组成，小网膜细胞成束状排列，中央部分形成透明的柱状体，称为视杆细胞。

▲ 蜻蜓

　　蜜蜂、蜻蜓等昆虫的复眼称为并列像眼。这种复眼的每个小眼视杆细胞顶端直接和晶状体或晶状体细胞相连，各小眼被色素细胞隔开，因而，每一小眼只能传入与它长轴

▲ 蜻蜓的复眼

平行的直射光，而其他方向斜射光线均被色素细胞吸收，不能在小眼内成像。这样，由每只小眼形成的一个个光点像拼成了一个完整的像，这种像称

为并列像，这种复眼被称为并列像眼。由于并列像眼的每只小眼只接受直接进入该小眼内的光线，故射入的光线达到一定强度才能成像；而夜晚光线弱，具有并列像眼的昆虫就会看不见物体，所以，它们只能在白天活动。

蛾类复眼的成像则与蜻蜓不同，属于重叠像眼，能重复接受光线成像，在光线很弱的情况下也能看到物体，这也是蛾类夜晚活动的原因之一。它们小眼周围色素细胞内的色素可随光的强弱而上下移动。这使每个小眼的视杆细胞既能接受直射光，也可接受邻近小眼侧射或反射进来的光线。这样，在一个小眼上形成了互相重叠的像。因此，物体光线在蛾复眼内形成的像是由每只小眼多次感受光而形成的一个物体完整重叠的像。

▲蛾的复眼

▲蝇眼

大多昆虫的复眼对光的闪烁特别敏感。人在每秒低于45～53次时才能感到闪烁。日光灯如果每秒闪烁60次以上，我们就感觉不到闪烁了。正因如此，我们才能欣赏电影，因为我们看不出电影是单个图片的连续。但蝇类能感知每秒265次的闪烁。昆虫正是由于对闪光敏感，所以才会对物体的移动敏感。如把手放在苍蝇旁边不动，苍蝇无反应，但只要手轻轻一动，苍蝇就飞走了。

【复眼的特点】

①复眼能感知的光谱的范围比人的眼睛大。如蜜蜂能感知人所不能感知的紫外光（400nm）。由于不同的花反射紫外线程度不同，因此，在我们看来是同一颜色的花，到了昆虫眼里却是不同颜色的了。

②复眼有分析光的偏振面的能力。蜜蜂等昆虫就是依靠分析光的偏振

自然传奇丛书

面而在飞行时辨别方向的。

科技链接

蝇眼照相机

苍蝇的眼睛是一种"复眼"，由 3000 多只小眼组成，人们模仿它制成了"蝇眼透镜"。"蝇眼透镜"是用几百或者几千块小透镜整齐排列组合而成的，用它做镜头可以制成"蝇眼照相机"，一次就能照出千百张相同的相片。这种照相机已经用于印刷制版和大量复制电子计算机的微小电路，大大提高了工效和质量。

知识库——昆虫眼摄像机

蜜蜂、蜻蜓等昆虫的眼睛由数以万计的小眼组成。这些小眼各对着不同的方向，从而使这些昆虫获得极大的视野。受此启发，美国加州大学伯克利分校教授卢克·李等人开发出了这种超广角镜头，其直径只有 2.5 毫米，相当于昆虫眼睛大小，装有这种镜头的监控摄像机可以实现对周围 360 度的全方位实时监控。

乌贼的眼睛

乌贼属软体动物。乌贼头上发达的眼睛具有完善的折光与感光系统，包括角膜、晶体。晶体两侧有睫状肌牵引，其前缘两侧有虹彩光阑，以调节瞳孔的大小，控制进光量。眼底为视网膜，有含色素的杆状细胞

▲乌贼

它是一种感光细胞。视网膜外为视神经。在视网膜上没有盲点，在这一点上它比脊椎动物更发达。

自然传奇丛书

大王乌贼的眼睛有小车轮那么大，直径可达40厘米，最不寻常的还是深水枪乌贼的眼睛：有的如同望远镜似的向上竖起；有的则生在细长柄上，向两旁伸出很远；有的两眼并不对称，左眼比右眼大3倍。那么，这种眼睛不对称的枪乌贼如何游动呢？要知道它们的头是不平衡的。大概它们不得不花费很大的力气保持平衡，向前游动时才不致左右滚动。科学家认为，大眼睛是对深海生活环境的一种适应，可尽量地吸收深海的微光。

章鱼的眼睛

▲章鱼

章鱼的眼睛非常灵敏。这是因为，章鱼眼睛的视网膜上，每平方毫米约有63000个接受光线的视锥细胞。

人眼看不同距离物体是通过改变晶状体的曲度来调节的，而章鱼则通过改变与视网膜的距离来调节，如同照相机转动镜头一样。章鱼的眼睑有环形肌肉，闭眼时如同照相机的快门一样，将眼掩盖起来。

自然传奇丛书

远近高低各不同
——脊椎动物的视觉器官

自然传奇丛书

　　脊椎动物已经有了结构完善而发达的眼睛，但是，不同的动物眼睛结构不同，视力发达程度也不同。让我们来认识一下脊椎动物的视觉器官，看看它们各有什么本领吧！

鱼的眼睛

　　鱼属于低等脊椎动物，但其眼睛的结构却与人眼相似。不同之处在于晶状体的形状和弹性不同，人眼的晶状体是扁圆形的，曲度可以调节，所以远近的物体都能看到；而鱼眼的晶状体是圆球形的，曲度不能改变，所以鱼都是近视眼，只能看见较近的物体，很少能看到12米以外的物体。此外，鱼类没有真正的眼睑，眼睛完全裸露而不能闭合。

【灵敏的感觉】

　　鱼虽然近视，但反应却很灵敏。鱼在水中虽然看得不远，但却能够通过光线的折射，在水中看到陆地上的物体。由于折射作用，鱼感觉到陆地上的物体的距离会比实际的距离要近得多，位置也比较高，所以人还没靠近水边，它却感到人已出现在它的头顶上了。所以，钓鱼的人都有这样的体会：当他走到河

▲金鱼

边，还没来得及放下鱼钩时，鱼却早已察觉，迅速逃走了。因此，有经验的钓鱼者通常都是蹲在岸边，使人体与水平面保持最小的角度，这样，鱼就看不到人了。

自然传奇丛书

【鱼眼的大小】

鱼眼有大有小，形状各异，这与它们日常所接触光线的强弱有关系。一般生活在水上层的鱼都有一双正常的眼，而生活在浑浊的水底或者常常钻入泥里的鱼，如泥鳅、黄鳝等，眼睛都比较小。生活在水深500米以下的鱼类，由于那里的光线极弱，所以，它们的眼睛很大，能尽量多地吸收光线。例如，生活在我国南海的大眼鲷，眼睛大小竟占头长度的1/2，可以算是头眼比例的冠军了。但是，栖息在水深2000米左右的深海鱼，情况则完全相反，由于那里根本就没有光线，眼睛再大也没有用，所以，它们的眼睛就变得非常小，甚至完全退化。

【鱼类的视野】

一般来说，鱼类的视野比人的要广得多，所以不用转身就能看见前后和上面的物体，例如，淡水鲑在垂直面上的视野为150°，水平面上的视野为160°～170°，而人眼仅为134°～154°。

根据鱼眼视野的这种特点，人们制造出了照相机上使用的超广角镜头。为使镜头达到最大的摄影视角，这种摄影镜头的前镜

▲鱼眼镜头照片

片呈抛物状向镜头前部凸出，与鱼的眼睛非常相似，因此，这种镜头也被称为鱼眼镜头。鱼眼镜头是一焦距极短并且视角接近或等于180°的镜头。因此，鱼眼镜头与人们眼中的真实世界的景象存在很大的差别。

你知道吗?

不同的鱼，鱼眼位置也不相同。大多数鱼眼长在头的两侧。个别的两眼集中在一侧，如比目鱼的两眼都生在身体向上的一面，这与它们平时总是把没有眼睛的一面贴在海底，只需防备上面的敌害和注视上面的食饵有关。还有的鱼两眼都长在头顶上，如在南美洲的河流中有一种四眼鱼，眼睛生在头顶上，看上去好像

有四只眼，其实它只有两个眼球。它的眼球分作上下两部分，上半部分用于观察空中的物体，下半部分用于观察水中的物体，因此，四眼鱼平时总是静静地停留在水的上层，露出水面的眼睛既能上视空中，又能俯瞰水底，从容地捕食在水面下活动的昆虫。更有甚者，有的鱼眼睛突出在头外，如弹涂鱼的眼睛生在头部两侧靠近背面的位置，而且特别向外突出，可以前后左右地转动，因此，它不必转动身体也能看到四周的东西，这和它经常离开水，用胸鳍在沙地或泥地上爬行的习性有关。

蛙的眼睛

青蛙的眼睛和一般动物的眼睛不一样，它只能看见运动着的物体，而看不见（或说看不清）静止的东西。青蛙对静止不动的蛾、苍蝇毫无反应，然而，只要蛾一动，它就会立即发现，并根据蛾的飞行方向和速度，一跃而起捕食到口。难怪有些动物学家开玩笑地说，青蛙是喜欢吃苍蝇的，可是，青

▲青蛙

蛙要是坐在死苍蝇堆里也会饿死。

青蛙的眼睛还可以识别不同的图像。在飞动着的各种形状的小动物里，它可以立即识别出它最喜欢吃的苍蝇。

知识库——电子蛙眼

人们根据蛙眼对运动物体的敏感性及对物体形状有特殊识别能力的原理，成功研制出了一种电子蛙眼并广泛应用在机场及交通要道上。在机场，它能监视飞机的起飞与降落，若发现飞机将要发生碰撞，能及时发出警报。在交通要道，它能指挥车辆的行驶，防止车辆碰撞事故的发生。把电子蛙眼装入雷达系统后，雷

自然传奇丛书

达抗干扰能力大大提高。这种雷达系统能快速而准确地识别出特定形状的飞机、舰船和导弹等。特别是能够区别真假导弹，防止以假乱真。

蛇的眼睛

▲蛇

不论是白天还是黑夜，蛇总是睁着一对圆圆的眼睛。这是因为，蛇没有能上下活动的眼睑，也没有瞬膜。

蛇眼与鱼眼的结构相似，晶状体像一个圆球，曲度也不能改变，只能看到近处的物体。但晶状体可向前或向后略微移动，使外界物体在视网膜上成像。因此，蛇只适合于看近距离的物体，看远距离物体时则看不清楚。另外，蛇眼的视网膜中央没有感光细胞密集的区域，所以，它的视觉不发达，对静止不动的物体极不敏感，几乎是视而不见，只能看见正在运动和摇晃的物体。

鹰的眼睛

在鸟类中鹰以视野宽、目光敏锐而闻名。翱翔在两三千米高空的雄鹰，两眼犀利地扫视着地面，它能一下子从许多运动着的景物中发现并捕捉目标。它独特的视觉系统可将物体放大数倍，其原理如同望远镜一样。

鹰眼的视网膜与人不同，鹰眼有两个中央凹：正中央凹

▲鹰

自然传奇丛书

和侧中央凹，它们分别集中在眼睛里的不同区域。正中央凹能敏锐地发现前侧视野里的物体；侧中央凹则接收鹰头前面物体的像。在鹰头的前方有最敏锐的双眼视觉区，是由两个侧中央凹的视野重叠而成，这样，鹰眼的视角近似于球形，视野很广。在一定范围内，瞳孔越大，分辨率越高，鹰眼的瞳孔很大，从这一点来说鹰眼也要比人眼灵敏。

知识库——动物眼睛的位置

通常捕猎的动物如猫、老鹰、猫头鹰、老虎等的眼睛一般都在头的正前方。这样，它们两眼的视野就有部分重叠，能产生立体视觉，有利于准确地判断与被捕食动物之间的距离，从而成功地捕猎。猫头鹰两眼几乎处在一个平面上，视野像人类一样，对物体距离的判断十分准确，它们的头部可以做两百多度的转动，弥补了视野狭窄的不足，这样的视觉模式，使得它们的捕食成功率特别高。

而被捕食的动物如老鼠、羚羊、牛、马等动物的眼睛都位于头的两侧，具有广阔的视野。眼睛突出于头部两边，可以看到周围将近360度的景物，以便及时发现危险。

自然传奇丛书

最高等的动物 ——人的心灵之窗

眼是人感受外界光线的视觉器官，人从外界获取的信息有 80% 以上来自眼。人眼的结构是由眼球及其附属结构组成。

眼的附属结构

眼的附属结构包括眼睑、结膜、泪器、眼外肌和眼眶。

眼睑俗称眼皮，有上、下眼睑组成，起保护眼球的作用。

结膜是一层透明的薄膜，有润滑眼球和保护眼球的作用。

泪器包括泪腺和泪道，泪腺位于眼眶外上方泪腺窝内，形似扁桃，可分泌泪液起到湿润眼球和杀菌作用。

眼肌，眼球共有六条眼外肌，靠这些肌肉维持眼球的正常转动。

眼眶是容纳眼球的骨腔，呈漏斗形，尖端向后，底边向前，尖端有视神经和眼球的血管通向颅中凹。

▲心灵之窗——人的眼睛

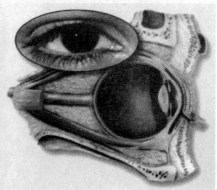

▲眼的附属结构

自然传奇丛书

眼球的结构

眼球的构造十分精巧，它的前后径平均为24mm，分为眼球壁和内容物两部分。眼球壁最外面一层为外膜，外膜的前1/6透明无色，稍前凸，称为角

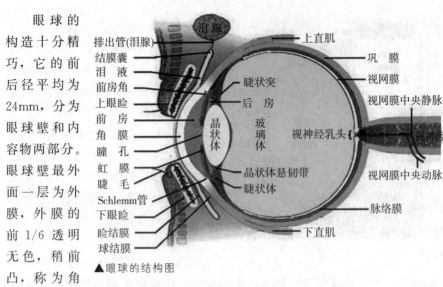

排出管(泪腺)
结膜囊
泪液
前房角
上眼睑
前房
角膜
瞳孔
虹膜
睫毛
Schlemm管
下眼睑
睑结膜
球结膜

泪腺
上直肌
睫状突
后房
晶状体
玻璃体
巩膜
视网膜
视网膜中央静脉
视神经乳头{
视神经
晶状体悬韧带
睫状体
视网膜中央动脉
脉络膜
下直肌

▲眼球的结构图

膜，后5/6为白色纤维膜，称为巩膜。中膜为色素膜，由前向后可分为虹膜、睫状体、脉络膜3个部分。眼球的内膜又叫视网膜，是眼睛的感光系统。眼球内容物主要有房水、晶状体和玻璃体，它们都是无色透明的。其中，玻璃体充满在晶状体和视网膜之间，占眼球内腔的4/5，约46毫米，内含水分约99％，起着支撑眼球壁的作用。晶状体好像一块双凸透镜，中央厚，边缘薄，它的功能是将物像聚焦在视网膜上。

视觉的形成

外界物体反射过来的光线，依次经过角膜、瞳孔、晶状体和玻璃体，并经过晶状体等的折射，最终落在视网膜上，形成一个物像。视网膜上大量的感光细胞能够把物体的色彩、亮度等信息转化为神经冲动，这些细胞将图像信息通过视觉神经传给大脑的一定区域，人就产生了视觉。

自然传奇丛书

近视及矫正

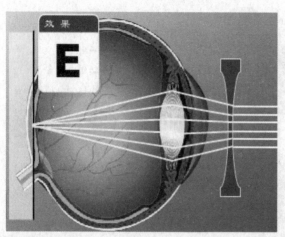

▲近视的矫正

自然传奇丛书

眼球内晶状体等结构具有灵敏的调节功能从而使远处或近处的物体的像都能落在视网膜上，使人清晰地看到这个物体。如果长期不注意用眼卫生，使晶状体的调节负担过重，就会使晶状体过度变凸不能恢复原状，甚至会导致眼球的前后径过长，这样，远处物体的光线通过晶状体等的折射所形成的物像，就会落在视网膜的前方，形成的是一个模糊不清的物像。这种看不清远处物体的眼，叫作近视眼。近视眼可以通过佩戴近视镜——凹透镜加以矫正。

散光和色盲

散光，是指由于眼球的角膜或晶状体的表面不光滑，造成视网膜上所形成的物像模糊不清的眼病。规则的散光可以用圆柱形透镜加以矫正，由于角膜表面不光滑或形状异常造成的不规则的散光，可以用角膜接触镜（或称隐形眼镜）矫正，但是，必须按科学的方法佩戴，否则还会引起不良后果。

色盲，是指不能正常辨别颜色的视觉疾病。色盲大多数是先天性的，可分为全色盲和部分色盲。全色盲者只能分辨明暗，不能辨别颜色；部分色盲者表现为不能分辨某种颜色，例如红绿色盲不能辨别红色、绿色。色盲患者不适宜担任需要辨别颜色的工作。

健康提示

视力与饮食

　　若能在日常膳食中多吃些鱼、虾、肝、乳、骨头汤、大豆、花生、蛋黄、玉米、南瓜、胡萝卜、西红柿、瘦肉、木耳、苹果等富含维生素 A、维生素 B_2、钙等食物，对健康、对眼睛都有好处。

知识库——近视的准分子治疗原理

　　近视眼是由于眼球的前后径太长或者眼球前表面曲度太大，外界光线不能准确会聚在视网膜造成的。准分子激光是一种人眼看不见的波长仅 193 纳米的紫外线光束，其特性为光子能量大，波长极短，对组织的穿透力极弱，不会穿入眼内，仅被组织表面吸收，对周围组织无损或损伤极微。准分子激光角膜屈光治疗技术（LASIK 技术），是用一种特殊的极其精密的微型角膜板层切割系统（简称角膜刀）将角膜表层组织制作成一个带蒂的角膜瓣，翻转角膜瓣后，在计算机控制下，用准分子激光对瓣下的角膜基质层上准备去除的部分组织给以精确气化，然后在瓣下冲洗并将角膜瓣复位，用这种方法改变角膜前表面的形态，调整角膜的屈光力，使外界光线能够准确地在视网膜会聚成像，达到矫正近视的目的。

自然传奇丛书

哪些动物视力最好
——动物视力大比拼

自
然
传
奇
丛
书

不同的动物都用眼睛来感受光线刺激，观察周围环境的变化，从而有效地躲避敌害或捕获食物，但不同的动物眼睛的结构和特点是各不相同的，所以视力也各不相同。下面，我们就来一次动物视力大比拼，看看这些动物怎样施展自己的独特本领。

没有眼睛用刺看东西——海胆

▲海胆

海胆没有眼睛，却懂得用刺来"看"东西。

美国杜克大学进行了一项海胆感光能力测试的实验，研究人员将 20 只海胆放入一个有光线照射的水箱中，里面放入两个不同尺寸的黑色圆盘。研究人员发现，海胆对小圆盘几乎没有任何反应。但是，当光线照射到较大的圆盘时，海胆会随着光线强度的不同而做出不同的反应。一些海胆尽快逃离较大圆盘，另外一些反而靠近较大圆盘。研究人员根据这些发现认为，海胆可以根据它们的刺所反射的光线来判断周围的事物，但是，海胆的视力仍然非常有限。

较广的视觉范围——马

马有广阔的视野。它的每只眼睛视觉范围都有 165°，两眼可视面达

330°～360°，能够清晰地看到前方一定距离的物体，甚至可以不转身和回头就能完全看到身后的物体。人们常说，站在马的身后是十分危险的，因为它的后腿会踢出准确的致命一击，这就是它视觉范围较广的优势。但是，由

▲马的视野

于马采用双目视觉效应，使它有3°的视觉死角范围，很难直接探测到位于两眼之间的近距离的物体，因此，马行走时经常会低着头。

眼镜猴的大眼睛

眼镜猴生活在苏门答腊南部和菲律宾的一些岛上，是全世界已知的最小猴种。体型极小，身长约10厘米，尾巴约为体长的两倍，大大的眼睛宛如戴着一副眼镜。眼睛所占的比例是所有哺乳动物中最大的。它的每一只眼睛重达3克，比它的脑子还重。它们对危险非常敏感，甚至在休息时，也会睁着一只眼。眼镜猴的大眼睛，非常适于夜间捕食。

▲眼镜猴

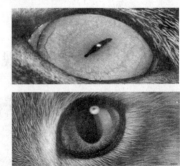

▲猫的瞳孔

在黑暗中捕捉猎物——猫科动物

猫科动物的瞳孔非常富有弹性，它收缩的能力也非常强。光线强一点的时候，小型的猫科动物眼睛的瞳孔会呈一条线，大型猫科动物如老虎、

自然传奇丛书

狮子眼睛的瞳孔会变成一个圆点。当光线暗的时候,它的瞳孔都会放得很大。这种调节能力使它们的视觉非常敏锐。

在黑夜中,猫科动物的眼睛会发亮,这是因为,它们的视网膜上有一种细胞,这种细胞可以收集微弱的光并把它们反射出来。

感知物体慢动作——蜻蜓

由于眼睛结构呈分段状,许多昆虫观察物体不同于人类的视觉探测能力。昆虫以其点状眼睛结构——复眼而闻名,许多昆虫的每个眼球长有3万多个晶体,如蜻蜓的大脑工作起来非常快,它们能以慢动作形式感知外界物体运动。但是,蜻蜓和绝大多数昆虫一样,对于色彩的分辨并不是很清晰,它们的视觉能够辅助其探测物体运动。

▲蜻蜓的复眼

全方位视觉的动物——狼蛛

▲狼蛛

狼蛛是世界上体型最大而且毒性最强的蜘蛛,因像狼那样追捕猎物而得名。它有8只眼睛,前列4个小眼,中列2眼大,后列2眼小或中等大。狼蛛的眼睛具有全方位视觉功能。

夜间的飞行高手——猫头鹰

猫头鹰的视力很强。在猫头鹰的视网膜上，分布着两种感觉细胞——视杆细胞和视锥细胞。视杆细胞对光线有很强的敏感性；视锥细胞有感觉颜色的能力。猫头鹰眼睛的视杆细胞特别多，视锥细胞特别少。猫头鹰能够在全黑的环境里捉到活的老鼠，也能够在只有微弱的光线时发现死老鼠，若换成人类，就必须增加 10～100 倍的光线才能看到。每当夜幕降临或晨光熹微的时候，它能清晰地看到周围的环境，从而进行捕食和避敌等活动。

▲猫头鹰

自然传奇丛书

视力退化的动物

▲蝙蝠

视力对于动物的生存有着重要的作用，但这种作用有时会被我们过分地夸大。有许多瞎眼（或几乎瞎眼）的动物照样可以生活得很好。哺乳类中的蝙蝠、鼹鼠和淡水豚，鱼类中的盲鱼，爬行类中的盲蛇等都是其中的代表，这些动物用其他的感觉功能取代了视觉，在黑暗或浑浊的环境中不但生活自如，而且还能避免受到依赖视觉捕食的天敌的伤害。

知识库——红外热成像仪

　　根据一些夜视动物感知红外线的原理，人们研制了红外热成像仪。红外热成像仪是根据凡是高于绝对温度零度（—273℃）的物体都有辐射红外线的基本原理，利用目标和背景自身辐射红外线的差异来发现和识别目标的仪器。

　　由于各种物体红外线辐射强度不同，从而使人、动物、车辆、飞机等清晰地被红外热成像仪观察到，而且不受烟、雾及树木等障碍物的影响，白天和夜晚都能工作，是目前人类掌握的最先进的夜视观测器材。

科技链接

夜视仪

　　夜视仪的种类包括微光夜视仪，主动红外夜视仪（主要指激光夜视仪），被动红外夜视仪（主要指红外热成像夜视仪）。主动式为最早的红外技术，通过放大红外灯变成肉眼可见光，夜视仪自身需要有红外发射装置；被动式通过放大自然界的微弱光线变成肉眼可见光。

眼睛都能看到色彩吗
——动物的色觉

自然传奇丛书

正常人的眼睛不仅能够感受光线的强弱，而且还能辨别不同的颜色，感知这个世界的五彩缤纷。那么，动物眼中的世界和我们人类是一样的吗？它们也能看到各种不同的色彩吗？让我们一起来感受人与动物眼中的色彩世界吧！

什么是色觉

音乐有从低音到高音的变化，光也有从低能量到高能量的光谱变化。我们眼中的颜色主要有红（长波长、低能量、低频率）、橙、黄、绿、青、蓝、紫（短波长、高能量、高频率）。人眼中的色觉感受细胞对红光最敏感，其次是绿光、蓝光。动物眼睛的几种不同光感受器细胞对具有相应能量的光很敏感，

▲色谱图

使其能够分辨颜色，看到五彩斑斓的世界。

色觉是指视网膜对不同波长光的感受特性，即在一般自然光线下分辨各种不同颜色的能力。色觉的形成主要是黄斑区中锥体感光细胞的功劳，它非常灵敏，能分辨出波长相差3nm的可见光。正常人色觉光谱的范围由400nm的紫色到约760nm的红色。人眼视网膜锥体感光细胞内有三种不同的感光色素，它们分别对570nm的红光、445nm的蓝光和535nm的绿光

吸收率最高，红、绿、蓝三种光混合比例不同，就可形成不同的颜色，从而产生各种色觉。

知识库——各种可见光波长

颜色	红	橙	黄	绿	蓝	紫
波长范围（nm）	640～750	600～640	550～600	480～550	450～480	400～450

色觉的检查

色觉检查就是辨别由各种颜色组成的色谱或图案，以检查人的辨色能力。色觉检查结果一般分为：正常、色弱和色盲三种。色觉检查和视力检查是两种不同的体检项目，前者是检查眼睛的辨色能力，后者是检查眼睛的视物远近能力。从事交通运输、建筑、美术、化学、医学等工作的人必须有正常色觉，这是服兵役、就业、就学前体检的必查项目。

世界上眼神最好的动物——螳螂虾

▲漂亮的螳螂虾

▲螳螂虾的眼睛

螳螂虾拥有动物王国最复杂的眼睛。它的眼睛非常特别，能利用体内一种高度敏感的细胞来辨别进入眼睛的光线。整个可见光谱，从接近紫外线到红外线的光线都能够有效识别。

自然传奇丛书

螳螂虾的视觉具有先天优势，能看见偏振光，能探测出6种光震现象，能够通过眼睛的三个不同部位看物体。因此，它们的视角是多部位、多角度的。

超强的色彩探测能力——鸽子

鸽子是一种具有独特视觉的鸟类，它具有数百万种色彩分辨能力，远远超出地面上生活的其他动物。它们有能力看到至少5种以上的光谱带，因此，能够比人类眼睛分辨更多的色彩。

▲鸽子

世界上最小的鸟——蜂鸟

蜂鸟的身体很小，能够通过快速拍打翅膀而悬停在空中。在所有动物当中，蜂鸟的体态最优美，色彩最艳丽，它在花朵之间穿梭，以花蜜为食。在紫外线光下，许多我们看起来色彩单调的物体在蜂鸟看来却是五颜六色的。

自然传奇丛书

▲蜂鸟

人的视觉最优秀

▲人的心灵之窗

鱼能在水底觅食，猫能在夜里捕鼠。人在水中的视力比不上鱼，在夜间的视力远逊于猫。从某一点看，人的眼睛似乎不如某些动物，但就总体而言，人的视觉却是动物中最优秀的。

自然，鱼眼有鱼眼的优点，猫眼有猫眼的长处。每种动物都有自己需要的最佳视力。如果问：谁的眼睛最好？那么，不管是天上飞的，地上爬的，还是水里游的，都会这样回答："我的最好!"

不过，我们仍然要说：人的视觉最优秀。

人眼看东西有立体感。在一定的距离内，我们能比较准确地判断物体的大小、远近、形状和厚度，这一点其他动物大都不如人类。

在直射的强阳光下，照明度高达8万至10万支烛光；而在子夜，即使星光可见，照明度也只有0.03支烛光。人眼能适应这几百万倍的明暗差别，而多数动物没有这么大的本领。

动物大多是色盲，比如狗、牛、兔子等，它们是高等动物，但却看不到色彩斑斓的世界。在它们眼里，世界是灰蒙蒙的，只是深浅不同而已。可人眼能够分辨17000种不同的色调。

听 觉

　　听觉器官是感受声波的装置，是远距离探测和定位的一个重要感官。不同动物听觉器官各不相同。在人们经常接触到的动物中，没有听力的情况是相当罕见的。借助听觉，动物能够获得远距离的信息，借以交流、寻觅配偶、躲避敌害、捕捉猎物，因而听觉对动物的生命活动具有重要意义。

　　比较高等的动物都有发达的听觉，在兽类中，具有大耳朵的动物，如象、鹿、兔、狐等动物可以听到人耳无法听到的极轻微的声音，甚至可能包括次声波；蝙蝠和海豚可以用人耳无法感知的超声波进行联络或探索周围的环境。因此，我们有理由相信，我们的世界一定比许多鸟兽能听到的世界安静得多。按照人们的一般逻辑，至少应该在头上有能够收集声音的器官——耳朵，才能产生听力，但是在一些具有听力的蛇类、鱼类和昆虫身上我们却找不到那样的器官，这是怎么回事呢？那么，让我们一起来认识不同动物的听觉器官，看看它们有什么不同，哪种动物的听觉最灵敏，哪种动物的耳朵最奇特，哪种动物听的方式最与众不同吧！

▲听，风如阳光

聆听天籁之音——人的听觉

耳朵是我们的听觉器官，假如没有耳朵，我们就听不到妈妈的亲切呼唤，就听不到老师的谆谆教导，就听不到自然界里的虫鸣鸟唱，就听不到春风拂柳时的轻声细语和惊涛拍岸时的激情奔放，更听不到那各种美妙的音乐了。如果没有耳朵，没有听觉，我们就只能永远生活在一个死寂的世界里，那该是多么痛苦的事啊！

人耳的结构

人和动物都有耳朵，它是听觉和平衡器官。听觉部分包括外耳、中耳和内耳三个部分。外耳有耳廓和外耳道，起着收集和传送声波的作用。中耳有一个叫鼓室的小腔，外面有一层弹性很强的鼓膜与外耳道隔开。鼓室里面有三块听小骨互相连接，能把鼓膜送来的振动传递给内耳。内耳是听觉和平衡感受器的所在地，听觉感受器位于埋藏在颞骨中

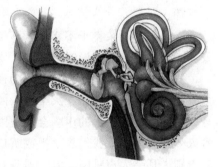

▲人耳的结构图

的耳蜗内，这里面有感觉细胞，当从听小骨传来的振动刺激这些感觉细胞时，由此产生神经冲动，神经冲动会沿着听神经传向大脑。

人的听觉形成

外界声波通过介质由耳廓收集，经外耳道传到鼓膜，引起鼓膜振动，这种振动可通过听小骨传到内耳，从而刺激耳蜗内的感觉细胞，感觉细胞可把振动转变为神经信号即神经冲动，神经冲动沿着听神经传到大脑皮层

自然传奇丛书

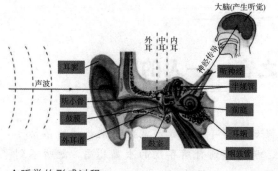

▲ 听觉的形成过程

的听觉中枢，从而形成听觉。

声音传导除通过声波振动经外耳、中耳的气传导外，还可以通过颅骨的振动，引起颞骨骨质中的耳蜗内淋巴发生振动，引起听觉，称为骨传导。用双手捂住耳朵，自言自语，无论多么小的声音，我们都能听见自己说什么，这就是骨传导作用的结果。正常人对声音的感受主要靠气传导。

耳朵的四怕

一怕掏。用尖锐的器具掏耳时如果不小心会刺破鼓膜，造成发炎或引起耳聋。

二怕水。耳朵喜干不喜湿，耳朵如果进水，会影响听觉或造成外耳道发炎。如果游泳、洗澡时进了水，要及时用干棉签等物将它擦干。

三怕塞。外耳道是声波进入的通道，需要通畅，我们千万不可向耳朵里塞纸卷、豆子、纽扣、火柴等东西，以免影响听觉。

四怕噪音。巨大的声响会震破鼓膜，造成耳聋，特大的声响还会立即致人死亡。因此，我们看电视或听广播时，不要把声音开得太响，也不要对着别人耳朵大声吼叫。万一遇到打雷、爆炸等较大的声响，要马上捂起耳朵或张开嘴，以防震破鼓膜。

小 知 识　　　　　　**耳聋的类型**

外耳和中耳担负着传导声波的作用，这些部位发生病变引起的听力减退，称为传导性耳聋，如慢性中耳炎所引起的听力减退。内耳及听神经部位发生病变所引起的听力减退，称为神经性耳聋。某些药物如链霉素可损伤听神经而引起耳鸣、耳聋，故使用这些药物时要慎重。

噪声对人的危害

　　噪声，被称作看不见的敌人，它对人体的危害主要表现在以下几方面：

　　1. 影响睡眠和休息。噪声会影响人的睡眠质量，当睡眠受干扰而不能入睡时，就会出现呼吸急促、神经兴奋等现象。长期下去，就会引起失眠、耳鸣、多梦、疲劳无力、记忆力衰退等。

　　2. 影响人的听力。噪声可以造成人体暂时性和持久性听力损伤。一般来说，85 分贝以下的噪声不至于危害听觉，而超过 100 分贝时，将有近一半的人耳聋。

　　3. 引起人体其他疾病。一些实验表明，噪声对人的神经系统、心血管系统都有一定影响，长期的噪声污染可引起头痛、惊慌、神经过敏等，甚至引起神经官能症。噪声还能导致心跳加速、血管痉挛、高血压、冠心病等，极强的噪声还会导致人死亡。

　　4. 干扰人的正常工作和学习。当噪声低于 60 分贝时，对人的交谈和思维几乎不产生影响。当噪声高于 90 分贝时，交谈和思维几乎不能进行，它将严重影响人们的工作和学习。

保护听力的方法

　　1. 耳机声音不宜过大，时间不宜过长。许多人喜欢把耳机的声音调得非常大，而且喜欢长时间地听，这都是错误的做法。这样会引起听力下降，所以，听耳机的时间不能过长，每次不能超过 30 分钟，不能超过 60 分贝。

　　2. 听力受损应及早就医。在用耳机听音乐的过程中，如果出现耳朵发痒、耳鸣，说话不得不提高嗓门的情况，这就是听力受损的征兆，应及早就医，以免造成严重的

▲长时间戴耳机影响听力

后果。

3. 噪音环境引起的听力损失应在三周内解决。我们应该在日常生活中采取适当措施保护听力，如避免长期待在喧嚣场所等。一旦发生因噪音引起的听力损失，应该立即到专科医院就诊。听神经受损伤水肿时间过长（超过三周），就会出现神经变性、坏死等症状，甚至使人丧失听觉功能。

小 贴 士

各种声音的分贝等级

人低声耳语约为 30 分贝，大声说话为 60～70 分贝。分贝值在 60 以下为无害区，60～110 为过渡区，110 以上是有害区。汽车噪音为 80～100 分贝，电视机伴音可达 85 分贝，人们长期生活在 85～90 分贝的噪音环境中，就会得"噪音病"。电锯声是 110 分贝，喷气式飞机的声音约为 130 分贝。当声音达到 120 分贝时，人耳便感到疼痛。

科技链接

听诊器的发明

有一次，法国医生勒内·雷奈克看见孩子们在玩游戏：一个孩子把耳朵贴近木板的一端，另一个孩子用钉子在另一端刮擦，这轻轻而有节奏的刮擦声居然能清晰地传过去。雷奈克想，声音能靠物体传播，那身体里面的声音也应该可以通过某种工具传到体外的。通过实验，他发明了听诊器，并在 1819 年发表了他的研究著作，告诉人们怎样通过听内脏声音的办法来诊断疾病。

功能奇特的耳朵
——不同动物的听觉比较

　　莺歌燕舞、鸟语花香、马嘶狮吼，自然界很多动物都能发出声音，我们自然会推测，这些动物都能听见声音。那么，动物的"耳朵"有什么异同之处呢？哪种动物的听觉最厉害呢？下面就让我们一起探索动物听觉的奇妙世界。

低等动物的听觉

　　蚯蚓没有眼睛和耳朵，但它的身体对于震动非常敏感。当蚯蚓感觉到敌人的行动时，比如说一只鼹鼠在附近挖土，它们就会逃往地表。

▲ 蚯蚓

昆虫的听觉

▲ 蚊子

▲ 蟋蟀

　　昆虫的耳朵生长部位不一致，它们的构造和形状也各不相同。
　　蝗虫、螽斯、蟋蟀的耳朵，外面有一个鼓状的薄膜，叫作鼓膜，里面连有特殊的听器，能感受外界的声波。当鼓膜感受到外界的声波时，就会发生振动，经听器及听神经传到脑部，它们就会产生听觉。

蚊子的耳朵，是由触角上密密麻麻的绒毛构成的。在触角的第二节里藏着一个收集声音的器官，能够把外界的声音收集过来，传到中枢神经去，产生听觉。它的听觉极为灵敏，能够听到五十米以外的另一只蚊子的嗡嗡之声，即使噪声大到像雷鸣般的震响，它们仍然能辨别雌蚊、雄蚊的不同声响。蚊子的触角在飞行时不断抖动，就是在探听周围的声响。

蜜蜂的听觉器官是长在额部的树枝状的小刚毛，里面有能准确感应声音的细胞，蜜蜂就靠这些小刚毛来感知声音。

虽然昆虫的听觉非常灵敏，但昆虫的耳朵只能分辨声音节奏的韵律，却分不清曲调的旋律。

万 花 筒

昆虫耳的作用

昆虫靠耳朵来寻找配偶，达到交配的目的。孤单的雌虫，根据异性发出的声音，容易找到对方的藏身之处。在保障自身的安全上，昆虫的耳朵也有很大的作用。飞蛾的耳朵能辨别蝙蝠产生的超声波，而迅速离开危险区域。人们利用它的这种功能，录制蝙蝠的超声波，夜间在田野播放，飞蛾听到后就会纷纷逃窜，不敢在附近产卵孵化，危害庄稼。

知识库——不同昆虫耳的位置

许多昆虫的耳朵生长的位置都很奇特。昆虫中只有蟋蟀、蚱蜢、蝗虫、蝉及大部分蛾类才有"鼓膜"那样的听觉器，可是它们并不是长在头上，而是长在腿上或身体两侧。蝗虫的耳朵，长在腹部第一节的两旁；蚊子的耳朵，长在触角上；蝈蝈、螽斯、蟋蟀的耳朵，长在前足的小腿上；飞蛾的耳朵，长在胸腹之间；苍蝇的耳朵长在翅膀基部的后面；蝉的耳朵长在肚子下面。

鱼的听觉器官

鱼耳的功能和人类一样，一是收听声音，二是维持身体平衡。但鱼只有内耳，没有中耳、外耳，鱼的内耳在头骨里，只有打开头骨才能看到。

英国鱼类学家克利特尔博士发现，每次投放饵料的时候就摇铃，以后只要铃声一响，不少虹鳟鱼便云集而来，等待喂食。鱼类耳朵的构造，要比高等脊椎动物简单，可分为两部分：椭圆囊和豆状囊。鱼

▲虹鳟鱼

耳上面一部分叫作椭圆囊，椭圆囊有 1 个小孔和 3 个半圆形的感觉平衡的管子，即半规管相通，在每根半规管的一端有一个膨大的部分，叫作壶腹，与听神经的末梢相联系，是听觉器官的主要感受部位。鱼耳下面的部分，叫作豆状囊，在它的后面有一个突出的部分叫耳壶，可能与感受声波有关。也有研究称鱼类的这个耳壶并没有多大用途，是生物进化过程中的一个雏形，是高等脊椎动物听觉的主要部分。可是，有些鱼类的听觉特别灵敏，这是因为它们的鳔和内耳中间，生有一串小骨刺，靠着这些构造，它们便能听见高频率的声波，如白鳔鱼和鳊鱼就能听到每秒 2750 次的振动。所以说，虽然我们看不见鱼的耳朵，但它的作用却不小呢。

小 知 识

一般来说，人耳的听觉范围是每秒 16～20000 次振动的音波。而多数鱼耳所能感受到的声音，只能是每秒 340～690 次振动的音波。

青蛙的听觉

青蛙的听觉器官也比较简单，和鱼类一样没有外耳，它们只有中耳和内耳。在两只眼睛的后方各有一个鼓膜，鼓膜很薄，能够接受声波，产生振动，从而感受到外界的声音。

自然传奇丛书

▲青蛙

▲响尾蛇

蛇 的 听 觉

蛇虽没有外耳与鼓膜，但它们的听力并不差。蛇收听外来信息的方式是经由下颚骨表面接收外界声音的振动，再透过内耳的杆状镫骨传递至大脑。蛇在爬行时下颚骨大都紧贴着地面，所以能够很敏感地侦测到地面上的振动，从而对外界状况保持警戒的状态。

蛇为什么会闻声起舞？

相信大家曾经在电视上或影片里看过蛇"闻声起舞"的画面：印度弄蛇人吹着葫芦形的乐器，当乐声响起时，竹篮里的蛇就缓缓地昂头伸出，并且随着音乐摆动蛇身，好像在跳舞一般。

其实，蛇能够"闻声起舞"，是蛇结合各种感觉，包括听觉、视觉、嗅觉与热感应，对外界环境状况所做出的反应。当然，最重要的因素还在于人的训练技巧。

鸟类的听觉

鸟类的听觉功能非常发达。例如，啄木鸟能够听到天牛幼虫在树木段中活动的声音；猫头鹰可以凭借听力的定位，从雪堆下抓出隐藏的鼠类，还可以根据老鼠的叫声或走动的声音，在全黑的环境下把老鼠抓住，不明就里的人还以为它们的视力具有 X 光般的穿透力呢！猫头鹰是少数具有左右不对称耳道的动物种类，这样的耳朵使声音传入的时间有细微的差异，更便于判定声音的具体位置。我们经常看到它们在出击前会转动头部，目的就是为了从不同的角度收集声音。

夜行哺乳动物的听觉

凡是在夜间捕食的大多数动物，一般都有较大的耳朵和灵敏的听觉中枢。如非洲土猪有一对善于转动的长耳朵，可以听到物体内白蚁的活动声。在静寂的夜晚，当土猪听到这些声音后，就会毫不留情地把它们挖出来吃个精光。

指猴，它能听到钻木甲虫幼体的活动声，继而用前肢上很细的中指将它们挖出来。

更奇妙的是非洲的蝙蝠耳狐，它的每只耳朵几乎和头一样大。非洲北部的一种小狐也具有同样大的耳朵，并且是一个出色的搜捕者，在黑暗中它能听到鼠类、鸟类、蜥蜴或昆虫发出的最轻微的活动声，甚至能听到它们的呼吸声。

▲猫头鹰

▲指猴

▲蝙蝠耳狐

自然传奇丛书

穴居动物的听觉

经常生活在地洞中的动物（如鼹鼠）和一些在夜间活动的动物，大多没有耳廓，只有一个小孔，有的还被软毛覆盖着，这些软毛可以防止洞穴

▲鼹鼠

中的灰尘堵塞耳朵。当然，这种结构对听觉会有一定影响，但这些动物可以通过骨骼和颅骨传导低频振动到内耳，得到从地面传来的声波，从而补偿结构上的不足。

这些穴居动物辨别声音的能力比较差。然而对穴居生活来说，这种听觉已足够了。事实上，鼹鼠不仅可以通过接收振动，而且还可以用简单的回声定位来得到信息。当它们探测周围的情况时，常发出一种喊喊喳喳的声音，利用回声来探测从它们的所在地到洞底的距离。

万花筒

猫的听力范围

猫的听觉能辨别方向、地点和距离，能够辨别15～20米远处、相距1米左右两个不同声源发出的两种相近似的声音。猫能听到30～45000Hz的声音，而我们人只能听到20～20000Hz的声音，所以，猫能感觉到人类不能感觉到的超声波。

猫 的 听 觉

猫的外耳运动十分灵活，能随声波方向转动，甚至可以在头不动的情况下，外耳做180度的转动，就像雷达一样，不断搜索着声音发出的方向。

▲猫

我们经常可以看见，猫正安静躺着睡觉，突然猛地跳起，窜奔出去，可见，猫即使在睡觉，两只耳朵仍保持警惕。当猫发现可疑动静后，它会竖起耳朵仔细倾听，辨别声音方向，

自然传奇丛书

判断其距离的远近。当遇到危险时，它会把耳朵紧贴在头部两侧，溜之大吉，直到逃出危险区域后耳朵才竖起，恢复正常姿态。

蝙蝠的听觉

蝙蝠的眼睛已经退化，但耳朵却高度发达。蝙蝠在飞行时，喉内能产生并通过口腔发出人耳听不到的超声波脉冲。人类能听到声波频率上限为 20KHz 的声音，而有的蝙蝠能发出和听到100KHz 的声音。

▲ 蝙蝠的回声定位

当蝙蝠发出的脉冲波接触到食物或障碍物时，会被反射回来，它们就用两耳接收物体的反射波，据此确定该物体的位置，并且可以根据两耳接收到的反射波间的差别，来辨别物体的远近、形状及性质；物体的大小则由反射波的波长区别出来。

大部分蝙蝠能用舌头颤动发音，有些则能发出尖的鸣叫声，还有一些能由鼻孔透出声音。它们都有助于蝙蝠确定反射波的方向，来决定自己是要前进，还是转弯。蝙蝠在空中利用超声波"导航"，就能迅速准确地捕捉飞虫。

科技链接

雷达与回声定位

根据蝙蝠的回声定位原理，人们研制了雷达。雷达设备的发射机通过天线把电磁波能量射向空间的某一方向，处在此方向上的物体反射接触到的电磁波，雷达天线再接收此反射波，送至接收设备进行处理，提取有关该物体的某些信息（目标物体至雷达的距离，距离变化率或径向速度、方位、高度等）。

自然传奇丛书

生物如何认知世界

▲伯劳鸟

　　人类很早就懂得利用声音来诱捕猎物,最早制作的骨笛很可能就是为了发出吸引猎物的哨声,让猎物自投罗网。好奇的考古学家吹奏在遗址中发掘到的数千年前的骨笛,依然能成功地将现代野外环境中生存的雄鹿吸引到身边来。这也说明,动物对声音的辨别能力可能不像其他感觉那样精确,也许这是野生动物在生存中的薄弱环节。当然,除了人类以外,一些捕食动物也学会了这样的把戏,例如响尾蛇会发出类似流水的沙沙声,这对生活在干旱沙漠地区干渴的小动物就很有诱惑力;伯劳鸟躲在茂密的树丛中模仿小鸟的鸣叫,也很容易让前来寻找同伴的小鸟中招。

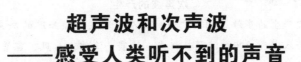

超声波和次声波
——感受人类听不到的声音

自然界存在的声音比我们能听到的要多得多。事实上，动物界使用的声音，我们能听到的还不到10%。人类的听觉范围大约是20Hz～20000Hz。频率高于人的听觉上限的声波称为超声波，频率低于人的听觉下限的声波称为次声波。这些声音尽管人类听不到，但是，许多动物却都可以感受到。

感受次声波的动物

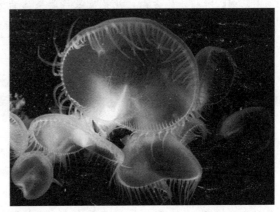

▲水母

水母，又叫海蜇，是一种古老的腔肠动物。早在5亿年前，它就漂浮在海洋里了。这种低等动物有预测风暴的本能，每当风暴来临时，它就已经游向大海深处避难去了。

原来，在蓝色的海洋上，风暴来临前，空气和波浪摩擦会产生频率为每秒8～13次的次声波。这种次声波人耳无法听到，小小的水母却很敏感。仿生学家发现，水母耳朵的共振腔里长着一个细柄，柄上有个小球，球内有块听石。当风暴前的次声波冲击水母耳中的听石时，听石就刺激球壁上的神经感受器，于是，水母就听到了将要来临的风暴的隆隆声。

自然传奇丛书

小 贴 士　　　**次声波的产生**

　　次声波产生的声源是相当广泛的，人们现在已经知道的次声源有：火山爆发、坠入大气层中的流星、极光、地震、海啸、台风、雷暴、龙卷风、电离层扰动等等。利用人工的方法也能产生次声波，例如核爆炸、火箭发射、化学爆炸等。

科技链接

水母耳风暴预测仪

　　模拟水母感受次声波的器官，科技人员设计出一种"水母耳"仪器，可提前15小时左右预报风暴。它由喇叭、接受次声波的共振器和把这种振动转变为电脉冲的转换器以及指示器组成。将这种仪器安装在船的前甲板上，喇叭做360°旋转。当它接收到8Hz～13Hz的次声波时，旋转自动停止，喇叭所指示的方向，就是风暴将要来临的方向。指示器还可以告诉人们风暴的强度，这对航海与渔业生产都有着重要的意义。

知识库——次声波的首次发现

　　1890年，一艘名叫"马尔波罗号"的帆船在从新西兰驶往英国的途中，突然神秘地失踪了。20年后，人们在火地岛海岸边发现了它。奇怪的是：船上的东西都原封未动，完好如初；船长航海日记的字迹仍然清稀可辨；就连那些已死多年的船员，也都"各在其位"，保持着当年在岗时的"姿势"。1948年初，一艘荷兰货船在通过马六甲海峡时，遭遇一场风暴。风暴过后，全船海员莫名其妙地死光。在匈牙利鲍拉得利山洞入口，3名旅游者突然齐刷刷地倒地，停止了呼吸……

　　上述惨案，引起了科学家们的普遍关注，其中不少人还对船员的遇难原因进行了长期的研究。经过反复调查，人们终于弄清了制造上述惨案的"凶手"，原来是人们不太了解的次声波。

你知道吗?

次声波会干扰人体神经系统的正常功能，从而危害人体健康。一定强度的次声波，能使人头晕、恶心、呕吐、丧失平衡感，甚至精神沮丧。有人认为，晕车、晕船也许就是车、船在运行时伴生的次声波引起的。住在十几层高的楼房里的人，遇到大风天气，往往会感到头晕、恶心，这也是因为大风使高楼摇晃产生次声波的缘故。更强的次声波还能使人耳聋、昏迷、精神失常甚至死亡。

大象的超级听力

大象有着先进的听觉结构。它们除能发出人耳可以听到的吼叫声之外，鼻子还能发出一种"秘语"——次声波，用来进行长途通讯。

如果你参加过非洲野外

▲大象

之旅，或看过非洲野生动物纪实片，你可能会见过这样的画面：一群大象在没有任何明显警讯的情况下，突然集体离开水坑——它们抽回吸水的长鼻，扇动蒲扇般的大耳朵，然后迅速地逃散开。事实上，警讯早已发出，只不过是你听不到的次声波！

在理想的大气条件下，大象的通讯距离可达 9.8 千米之遥，通讯范围居然有一百平方千米。在夜间，大象的通讯距离甚至可以更远。

自然传奇丛书

小知识

能听见次声波的常见动物：

狗（15Hz～50000Hz）

大象（1Hz～20000Hz）

鲸（20Hz～10000Hz）

能发出次声波的常见动物：

大象，用脚踩踏地面发出次声波，在远处的同类用脚就能感觉到同类了；

鳄鱼，在求偶期间会在水面靠震动背部发出次声波，在远处的异性就能感觉到。

感受超声波的动物

▲海豚

"超声波"也是人耳听不到的声音。但对很多动物来说，"超声波"只是普通的声音而已。

生活在海洋中的海豚，能感受到50Hz～100000Hz的声波，而且它们具有完善的声呐系统。因此，它们能利用超声波准确地追踪千米以外的鱼群，并根据所形成的精确的声呐影像分辨出鱼的种类。

蝙蝠能感受1500Hz～150000Hz的声波。它的超声定位系统极为优越，不仅分辨率高，而且抗干扰性强，能从比信号高出200倍的噪声背景中接受小昆虫身上反射回来的信号。因此，蝙蝠在地震前迁飞，可能与它们感受到的超声波有关。

小 贴 士

超声波的特点

超声波的波长很短，只有几厘米，甚至千分之几毫米。超声波具有许多奇异特性：超声波的波长越短，超声波的衍射本领就越差。由于超声波频率很高，所以，超声波与一般声波相比，它的功率是非常大的。

飞蛾的假超声波

科学家发现，飞蛾在长期和蝙蝠斗争的过程中，身体结构发生了一些变化，一些飞蛾的身体上居然发展出一些反"雷达"系统。

在一些飞蛾的胸腹部长出了一种鼓膜器。它的外面是鼓膜，里面是气囊、感受器等，还有一些听觉细胞。鼓膜器具有一种特殊的功能，能够感受到蝙蝠所发出的超声波。当蝙蝠还在数十米外的时候，飞蛾就已经截听到它所发出的超声波信号，于是赶紧发出一连串的"咔嚓"声，干扰蝙蝠的雷达搜索系统，并迅速逃跑。

有些飞蛾还能够准确地判断出蝙蝠的远近位置。如果发现蝙蝠距离还很远，它们就主动从容

▲飞蛾

▲雷达

地避开。如果发现蝙蝠已经近在咫尺而且紧追不舍，飞蛾就不断改变飞行路线，通过翻跟斗、螺旋下降、急剧下降等方法落到地面，钻进树叶缝隙

自然传奇丛书

生物如何认知世界

或者草丛中溜走。

尽管蝙蝠的雷达系统非常先进，但是在飞蛾巧妙的反"雷达"防御系统面前，也只有甘拜下风。夜蛾与蝙蝠的"攻防战"，已经启发人们去研制新型的隐形飞机、隐形军舰、隐形战车等反雷达武器。

知识库——动物能够听到的声音频率范围

动物	声音频率（Hz）	动物	声音频率（Hz）	动物	声音频率（Hz）	动物	声音频率（Hz）
人类	64～23000	家鼠	1000～91000	金枪鱼	50～1100	蜥蜴	500～4000
狗	67～45000	蝙蝠	2000～110000	牛蛙	100～3000	蛇	200～300
马	55～33500	大象	16～12000	猫头鹰	200～12000		
绵羊	100～30000	鼠海豚	75～150000	鸡	125～2000		
兔子	360～42000	金鱼	20～3000	鳄鱼	50～1500		

自然传奇丛书

嗅　觉

嗅觉可以帮助动物进行通信联络、寻找食物和配偶、辨认自己的幼崽、进行种间识别、标志领地、选择繁殖场所以及躲避敌害等。

有的动物的嗅觉灵敏程度简直让人不可思议。我们都认为，狗有极好的嗅觉，但是，狗与自然界的某些动物相比，又相差甚远：雄蛾能闻到十几千米外雌蛾发出的性激素气味；鲨鱼可以察觉到数千米外水中几滴血的腥味；即使是我们认为的"蠢猪"，其嗅觉一点儿也不比狗逊色，特别是对于植物气味的感觉，更令狗望尘莫及，所以，现在已经有西方国家用"警猪"代替"警犬"来稽查毒品。

随着人类生活方式的改变，我们的嗅觉功能逐渐弱化，而且，人的嗅觉越来越带有文明的意味：我们习惯采用香味剂来掩盖我们不喜欢的气味，在食物中掺进香精以刺激食欲。这样做的结果是我们的嗅觉不断地被欺骗，以至于本来就已经削弱的嗅觉更丧失了客观的判断能力。

▲花与蝶

人体的嗅觉器官——鼻子

鼻子是人的嗅觉器官，鼻子的功能其实不只是嗅觉，它还担负了呼吸、加温、清洁、共鸣发声以及保护和装饰等作用。

鼻子的功能

鼻子有嗅觉功能。当空气中分布着某些有气味物质的时候，我们用鼻子吸气就可能感受到气味的存在，这就是嗅觉。

鼻子具有呼吸功能，能吸入氧气，呼出二氧化碳，所以是人体"吐故纳新"的门户。

▲嗅

鼻子的加温作用主要是依靠鼻腔黏膜内丰富血管的散热作用来完成的。鼻腔的三个鼻甲排列得就像散热片一样。当空气经过这里时，就会迅速变得温暖，然后再进入气管和肺部。因此，当冷空气经过鼻腔到达体内时，已和体温相近，所以基本对肺没有刺激作用。

鼻子的清洁作用。鼻腔内有鼻毛和能分泌黏液的鼻黏膜，可对吸入的含有灰尘、细菌、病毒或霉菌等的空气进行过滤和清洁。

此外，鼻子还有其他一些功能，例如，鼻腔和鼻窦能在说话、唱歌时形成共鸣，发出充沛浑厚的鼻音来，这就是鼻子的共鸣功能；鼻窦还可减轻颅骨重量，缓冲暴力对脑部的冲击，维持头部平衡等等。

自然传奇丛书

知识窗

鼻子的四道防线

　　第一道防线是鼻孔前方的鼻毛，可以挡住较大的灰尘。第二道防线是反射性的喷嚏，打喷嚏并不只是受了凉后才发生，鼻腔受异物刺激后也会打喷嚏，把异物排出体外。第三道防线是黏膜中的纤毛运动。黏膜纤毛的表面有一层黏液毯，黏性较大，能够粘住细菌或灰尘颗粒，把它们送到鼻孔排出。第四道防线是黏液中的溶菌酶、干扰素和分泌性 IgA 等抗体，有抑制和溶解细菌的作用。经过上面四道防线的洗礼，污秽的空气会变得干净。

鼻腔与嗅黏膜

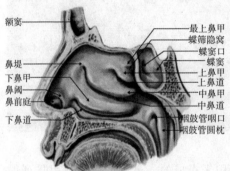

▲鼻腔的结构

　　鼻腔中间由鼻中隔分成左右两个腔，表面有一层黏膜覆盖。鼻腔表面极不规则，有突出于鼻腔内的三个骨质鼻甲，分别称上、中、下鼻甲。

　　嗅黏膜呈浅黄色，由嗅上皮和固有层组成，分布于上鼻甲及部分中鼻甲内侧面及相对应的鼻中隔部分。嗅上皮为假复层无纤毛柱状上皮，由嗅细胞、支持细胞、基底细胞组成。固有层内含分泌浆液的嗅腺，浆液可以溶解有气味物质微粒，又可不断清洗嗅上皮表面，使嗅细胞对物质刺激保持高度的敏感性。嗅细胞为双极神经细胞，其中央轴突汇集多数嗅细胞嗅丝，穿过筛板

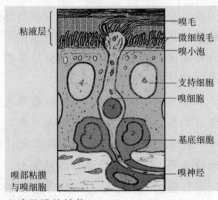

▲嗅黏膜的结构

到达嗅球，周围轴突伸出嗅上皮表面，成为细长的嗅毛，嗅毛浸于嗅上皮表面的嗅腺分泌物中，可接受有气味物质的刺激。从每个嗅细胞基部发出一条细长的纤维，许多条这样的神经纤维组成嗅神经。

嗅觉的产生

当空气中分布着某些有气味的物质时，我们用鼻吸气，气体就会进入鼻腔，这些物质随吸入的空气到达嗅黏膜，溶解在嗅黏膜表面的黏液中。嗅毛能接受这些化学物质的刺激产生神经冲动，并传入嗅觉中枢，从而产生嗅觉，我们就能辨别出物质的气味。在仔细辨别气味时，我们往往会做出短促而频繁的吸气动作，这是因为嗅黏膜所在的位置只能接触到经过鼻腔顶壁的回旋式气流，短促而频繁的吸气引能起气流在这里回旋。当人患感冒、鼻炎时，鼻黏膜充血肿胀造成鼻腔通气异常从而会使嗅觉功能发生障碍，因此，感冒时吃东西会觉得没味。

脑筋转转转

嗅觉形成的条件是什么？

其一是物体需不时散发出含有能引起气味刺激的物质。刺激性强的物质，大多是挥发性强的东西，能向周围的空气中散发出大量化学微粒。其二是要有正常的嗅觉感受器——嗅黏膜。嗅黏膜外观一般略带黄色，曾发现有些人的嗅黏膜呈白色，这种人的嗅觉是不健全的，称为"嗅盲"。

人的嗅觉敏感性

有的动物嗅觉非常灵敏，例如，大家都知道的狗、猫是"嗅敏"动物，能辨别出成千上万种气味，而人则属于嗅觉不灵敏的"钝嗅类"动物。人类的嗅觉虽然比不上大多数动物，但仍然具有一定的敏感性。据专家测定，普通人至少能识别 2000 种气味，而经过训练的人能识别多达 1 万种的气味，有些人甚至可以觉察出每升空气仅含的 0.00004 毫克人造麝香的气味。尽管人的气味受体只有大约 1000 种，但它们可以产生大量的组

自然传奇丛书

合，形成大量气味模式，这就是人能够辨别和记忆不同气味的生理基础。

大多动物凭借敏感的嗅觉维持全部生命活动。和它们相比，人的嗅觉已经大大地退化了，甚至常常不能察觉到自己的嗅迹。在一起生活的女性出现相近的月经周期的现象，才显现出人类的嗅迹在激素系统中起的作用。

与嗅觉有关的职业

香水鉴定师

一些有特殊天赋或经过专门训练的人，可以对香水、酒和一些特殊的气味有特别精细的分辨能力。据说，有的香水鉴定师，可以分辨上千种不同的香水。他们不仅要有非同寻常的嗅觉，还要有对各种香味的记忆能力。

知 识 窗

说谎的人为什么喜欢摸鼻子？

鼻子在人类表达情感方面有很大的作用，例如，表示轻蔑时就会嗤之以鼻；心里害怕而又悲痛时则会寒心酸鼻；发怒、情绪激昂时，就会鼻端出火；对腥臭肮脏的东西表示嫌恶时，会掩鼻而过。人在撒谎时鼻部组织会因充血而膨胀扩大，虽然外人不易察觉这种效应，但说谎者往往会忍不住想触摸发痒的鼻子，从而露出马脚。

知识库——比狗鼻子还灵的电子鼻

众所周知，狗的嗅觉比人灵敏很多，所以，刑警破案、海关缉毒都用训练有素的警犬，追踪那微弱的气味。近来发现，猪和老鼠的嗅觉也非同寻常，所以，有的地方也用"警猪""警鼠"协助破案、缉毒。但是，狗、猪、鼠等动物的嗅觉，都有生理上的局限，还会受到环境和心理情绪的各种影响，而且一般都只能定性而不能定量。当我们必须对微量气味信息进行定量并做出及时的反应时，如矿井的瓦斯气息、室内的可燃气体、有毒气体和二氧化碳，生产、试验中逸出的有毒或危险气体等，这些动物往往会力不从心、难于应对，而且还有中毒的危险。为了解决这些难题，人们研制出了比狗鼻子更灵敏、更可靠的各种电子鼻。

电子鼻是气息传感器的俗称，是应用各种气敏材料制造的传感器。电子鼻能对某种气体分子如可燃气体中的碳氢化合物、二氧化碳、氯气、二氧化硫等，以及较为复杂的香气、臭气等等做出非常灵敏的反应，并能把这种反应转化为电信号，然后根据电信号的强弱来控制自动装置采取相应的处理措施——报警、关闭阀门等等。

嗅觉的适应

假如你从室外走进室内，闻到了某种难闻的气味，几分钟之后，你会觉得这种气味就不再那么强烈了，原因是你的鼻子已经习惯于这种气味，不再向大脑报告关于这种气味的消息。所以，才有了"入芝兰之室，久而不闻其香"的说法，这就是嗅觉的适应。不过，你要是离开一会儿再回到屋子里来，马上就会再次强烈地感应到这种气味。

你知道吗？

在中国，每年由于酒后驾车引发的交通事故达数万起，而造成死亡的事故中50%以上都与酒后驾车有关，酒后驾车的危害触目惊心，已经成为交通事故的第一大"杀手"。

酒精测试仪具有较高的检测精确度和可靠性，操作简单快捷，并具备全自动分析、显示和无线传输打印功能，便于随身携带，能及时有效地对酒后驾驶违法行为进行检测取证。进行测试时，饮酒者只要对准酒精测试仪上的塑料管吹上一口气（一次性），测试仪立即发出"嘟"的一声警报，并显示出"饮酒"字样。交警随机输入驾驶员的驾驶证号、车牌号码等信息，测试仪便自动打印出了包括该驾驶员的驾驶证号、车牌号码、酒精含量等信息的凭条，整个过程不超过30秒。

▲酒精检测仪

自然传奇丛书

最高等的无脊椎动物
——昆虫的嗅觉

　　蝶恋花，蜂采蜜，是由气味引起的。自然界散发着许许多多的气味分子，有香味、有臭味、有酸味、有腥味。这些气味分子非常活跃，在空气中扩散。大多数动物主要是凭借敏感的嗅觉来维持生存。昆虫的嗅觉器官是什么，又有哪些奇特的功能呢？

昆虫的嗅觉器官

　　昆虫的嗅觉器官大多长在可以运动的触角上，使它们能够探测出环境中的各种气味。在触角的表面，有许多微小的孔洞，有些孔洞里藏着能够感受气味的细胞。靠着这种特殊的构造，昆虫就能辨别气味。不同的昆虫，触角的形状各不相同。

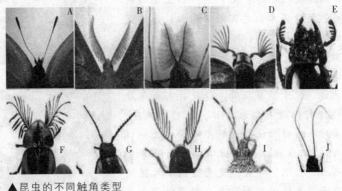

▲昆虫的不同触角类型

　　仔细观察过蝴蝶或蟋蟀等昆虫的人，一定会注意到它们头部有两根像"天线"一样的须，这就是昆虫的触角。不同昆虫触角的形状不同。如蝗虫、蟋蟀等的触角呈丝状；蝴蝶的触角呈棒状；雄蚊的触角呈环毛状；蝇类的触角呈具芒状；金龟子的触角呈鳃状等。这些触角既能感触物体、感觉气流，又能嗅到各种气味。这对昆虫的通讯联络、觅食、求偶十分有利。对于水生昆虫，触角还有平衡身体、帮助呼吸的作用。

用嗅觉觅食

昆虫的触角有嗅觉作用，可以凭借触角闻到各种植物或动物散发的气味，从而找到自己喜欢的食物。

二化螟可凭借触角寻找到它的食物水稻；菜粉蝶的触角可根据接收到的芥子油气味很快发现它的食物——十字花科植物。

▲菜粉蝶

很多人都知道，蚊子会叮咬和吸血，但一般来说，只有雌蚊才吸血。通常蚊子都是以花蜜及植物汁液为食，而雌蚊为保证卵巢及卵的发育，则需要通过吸血来摄取额外的营养物质。雌蚊每次产卵前往往需要吸一次血。蚊子主要根据动物散发出的二氧化碳浓度、热量及体味来追寻吸血对象。动物散发出的二氧化碳浓度越强、热量越多、体味越浓烈，

▲蚊子

对寻找吸血对象的蚊子便越有吸引力。

有一种黑蝇，有着极灵敏的嗅觉，远远地就能闻到人的气味，然后就会成群结队地飞来，嗡嗡叫着，把人团团围住，伺机叮咬吸取人的血液。即使你穿再厚的衣服也无济于事，因为它的口器像钢针一般，能深深地扎进肉里，吸食血液。同时，它还会分泌出一种毒液，使叮咬部位起一个大泡，疼痛肿胀，甚至溃烂。

自然传奇丛书

用嗅觉招引同伴或异性

▲蜜蜂

▲蛾

工蜂能放出一种含有 E－柠檬醛的化学物质，其气味可以招引几百米范围内的同伴聚在一起。蜂王则通过散发一种抑制工蜂产卵的气味来维持自己的"君主"地位，同时这种气味还可以吸引雄蜂前来交尾。

绝大部分种类的蛾子是通过释放性外激素引诱异性的。雌蛾释放出的性外激素有一种特殊的气味，雄蛾觉察到之后，便远道赶来交配。毛毡夜蛾毛茸茸的触角上分布着多达 4 万个感受细胞，尤其是雄蛾，能利用这些触角在几千米之外嗅到雌蛾释放出的一种含特殊酶的气味。有的飞蛾能嗅到空气中单个分子的气味。印第安月亮蛾，能从 10 多千米以外的地方察觉到同类的性外激素。

还有一种蝴蝶可能是世界上嗅觉最灵敏的昆虫了，这种雄蝴蝶能在 11 千米之外嗅到雌蝴蝶所发出的性激素气味。

得州切叶蚁分泌的追踪素，只要在飞行路上每厘米的距离飘散 0.08 毫微克（即只需 0.33 毫克就可以沿地球撒一圈），就会引来同伴。

昆虫常靠气味来招引异性，甚至那些靠其他方法来进行求偶的昆虫（如萤火虫用闪光，蚱蜢用唱歌），在生殖过程的某个阶段也常常会用到气味。

用嗅觉防御敌人

非洲有一种毒蜂，蜂王一旦发现可以进攻的目标，就发出一种具有特殊气味的化学物质，作为进攻信号，即使是老虎、狮子也难以逃脱。

有一种黄蜂，毒液中含有"报警信息素"，可通过空气传播给巢里的蜂群。若有人打死一只黄蜂，能

▲黄蜂

激怒 5 米外的巢中黄蜂飞来团团围攻螫人，有时几只蜂就能杀死对蜂毒过敏的人。在这种地方遇上黄蜂，打死一只就是失策。

知识库——苍蝇的嗅觉与气体分析仪

仿生学家根据苍蝇嗅觉器官的结构和功能，成功仿制出一种十分奇特的小型气体分析仪。这种仪器的"探头"不是金属，而是活的苍蝇。把非常纤细的微电极插到苍蝇的嗅觉神经上，将引导出来的神经电信号经电子线路放大后，送给分析器；分析器一经发现气味物质的信号，便能发出警报。这种仪器已经被安装在宇宙飞船的座舱里，用来检测舱内气体的成分。它还可以用来测量潜水艇和矿井里的有害气体。

自然传奇丛书

水能影响动物的嗅觉功能吗
——水生动物的嗅觉

自
然
传
奇
丛
书

　　水能够很大程度地笼住气味分子不使其飘散，使单位面积内气味分子的密度增加，从而更容易让嗅觉器官感受到。将养有凶猛捕食性鱼类的水箱中的水舀一勺放到另一只养着温和小鱼的水箱中，会引起小鱼们的恐慌；美洲的盲鱼在几乎全黑的水中生活，它们没有触须那样的触觉器官，但它们却能靠非常敏锐的嗅觉来找到食物。下面让我们一起来认识水生动物的嗅觉器官，看看它们有什么奇异之处。

鱼类的嗅觉器官

▲鱼

　　鱼的嗅觉与味觉异常灵敏，远超过人类。对很多鱼类来说，嗅觉是一种很重要的感觉。与哺乳动物不同，鱼类的鼻孔不与口腔相通，而是单独形成了一个腔，里面有嗅觉感受器与神经相连。但鱼嗅觉的敏锐程度取决于鱼是否有能力让水快速通过自己的嗅觉器官。不同的鱼感受气味的方式不同。有些鱼是通过肌肉的收缩和舒张使水流通过自身的嗅觉器官，来接收水中的化学信号。有些鱼，在静止不动时可以通过纤毛的摆动来实现这一过程。还有的鱼，如小型鲭鱼，则需要通过不停地游动来让水通过它们的鼻孔。当嗅觉感受器接收到化学信号，就会把这些信号传递给脑，脑再对信号进行分析，让鱼做出恰当的反应。

鱼的唇部、口腔和触须上布满了味蕾，其他部位也有味觉神经的分布，味蕾与鼻子共同担负着对水体中化学物质进行定性分析的任务。

鱼类嗅觉的功能

水中的动物对气味也特别敏感，有的能超过狗的嗅觉。尤其是鱼类辨别甜味的能力超过人类80倍。鱼在水中觅食，近距离靠的是视觉与味觉，远距离则全凭嗅觉。也就是说食物的气味实际上成了鱼类觅食的向导。

▲鲨鱼

黄鳝主要是靠嗅觉觅食的，觅食范围大约有十米左右。黄鳝喜食蚯蚓，对蚯蚓的气味天生特别敏感。

非洲有一种飞虎鱼，其嗅觉惊人，一匹马不慎落水，几分钟后便引来上万条飞虎鱼，把马咬得只剩下骨架。

鲨鱼可以嗅出海水中 1ppm（百万分之一）浓度的血肉腥味。日本研究者发现，在 1 万吨海水中即使仅溶解有 1 克氨基酸，鲨鱼也能感觉到。

▲大马哈鱼

大马哈鱼在河流中孵化后游到大海中去生活，在海里漫游千里之后又能沿着气味游回到它的出生地去产卵。有人做过这样的试验，把大马哈鱼的鼻子堵住，它便再也无法返回故乡了。这说明，大马哈鱼是通过嗅觉来

自然传奇丛书

生 物 如 何 认 知 世 界

有的鱼皮肤一旦受伤，就会释放出带有特殊气味的警戒激素，这些物质溶入水中后，同伴们就会立即逃之夭夭。

鱼能闻出害怕的味道

鱼的嗅觉极为灵敏，有些比猎犬强千倍，很容易嗅出它们害怕（或厌恶）的气味。水中含量为 800 亿分之一的一种人体分泌物——左旋羟基丙氨酸的气味，鱼也可嗅出来。美国前总统布什最爱钓鱼，可鱼儿总是很少上他的钩。鱼儿为什么害怕布什总统？研究者发现，布什留在钓竿上的指纹中含的这种左旋羟基丙氨酸较为丰富，鱼儿闻到了此气味，对他自然要退避三舍了。

水生哺乳动物的嗅觉

▲鲸

水栖哺乳动物的嗅觉极为退化，如鲸类和海牛类。鲸类由于喷气孔移到头顶上，虽然呼吸方便了，但通往嗅觉器官的神经通路必然受到破坏，所以嗅觉不发达。鲸类中的齿鲸类除胚胎期外，完全没有嗅觉器官，须鲸类也只有一点痕迹。

自然传奇丛书

陆生脊椎动物的嗅觉
——爬行动物和鸟类

　　陆生脊椎动物由于呼吸空气，嗅觉器官与口腔相通，出现了内鼻孔。内鼻孔出现后，鼻腔就具有嗅觉和呼吸两种功能。爬行类嗅觉较发达，鼻腔及嗅黏膜均有扩大，鼻甲骨出现。鸟类鼻腔结构与爬行类相似，同样也有出人意料的嗅觉。就让我们一起来认识一下爬行类和鸟类的嗅觉，看看与我们人类的嗅觉有什么不同之处，有什么特殊的功能吧！

爬行动物的嗅觉

　　在蜥蜴和一些蛇类的口腔内有一对向腭部内凹的弯曲小管，叫锄鼻器或贾科勃森氏器，它的末端是一个盲端，没有通向体外的孔，只有开口于口腔的孔。管内有许多与鼻腔中的细胞相似的感觉细胞，这些感觉细胞通过嗅神经与脑相连。当空气中所含的少量化学分子通过

▲蜥蜴

锄鼻器时，感觉细胞就能分辨这些气味分子，可见锄鼻器有嗅觉功能。

　　蛇不断地用它那分叉的舌头伸出口外，探测空气中的气味，当舌摄取到空气中的化学分子后，便迅速将舌缩回到口中，经由锄鼻器后产生味觉。

　　刚出生的小蛇虽然从未吃过任何东西，但是，对浸在水中小动物的皮肤，也会吐出舌头，做进攻的反应。因此，很难分清锄鼻器究竟是嗅觉器

官还是味觉器官，这也说明，很多动物的嗅觉和味觉往往是混在一起的，因为它们都靠化学分析的方法起作用。

爬行动物中的尼罗鳄靠嗅觉来觅食，它是生活在非洲的食腐动物，几乎所有漂浮在水中的动物尸体都会将它们吸引过来，甚至几公里以外一只死

▲蛇的分叉的舌头

去的河马也可以满足一群"闻讯而来"的尼罗鳄的食欲。

▲鳄鱼

▲绿海龟

绿海龟在温暖的海水中生活、觅食，它们利用太阳和自己的嗅觉在海中远航，然后回到海滩上筑巢、产卵，产卵地通常是它们自己出生的海滩。

鸟类的嗅觉

▲信天翁

我们经常发现，鸟在粪堆中捕食蝇蛆，或者看到它们吃一些气味很难闻的浆果，就误以为它们没有嗅觉。实际上，它们的嗅觉感受方式很可能跟我们有所不同。有些我们觉得很浓的气味也可能对它们不能产生刺激，而有些我们觉得没有

自然传奇丛书

什么气味的物质它们反而很敏感。

鸟类中的海燕、暴风鹱和信天翁等海鸟可在 3 千米以外感觉到鱼的气味。它们的鼻孔像一条管子，所以被人们称作管鼻鸟。

管鼻鹱是管鼻鸟的一种，生活在北欧斯堪的纳维亚以及格陵兰北部等地区的沿海地带。管鼻鹱又叫臭鸟，可能是因为它们身上有麝香气味，并可向入侵者吐出臭油的缘故。它的嗅觉能力惊人，不论是大拖网渔船，还是小钓鱼船，都会很快把它们从几千米外吸引过来，跟在船后捡食死鱼和人们抛弃的食物残渣。这种跟随拖网鱼船捡食的行为也许来自它们吃死海豹、死鲸鱼的习性。

家鸽能靠嗅迹为它们的飞行导航。当家鸽在天空飞翔时，微风把许多来自不同地区的嗅迹带到了它的身边，家鸽就能确定嗅迹的来源和方位，不仅是因为它曾经去过那里，有着记忆，更重要的是它能够结合风向判断嗅迹来源并进行定位。这样在它的大脑里就建立起一幅地区性的嗅迹地图。它能把

▲海燕

▲家鸽

▲黑领椋鸟

自然传奇丛书

这幅地图与其他感官信息结合起来，找到回家的路。

▲秃鹫

椋鸟的嗅觉更为奇特，它可以借助嗅觉识别含有杀虫物质的草梗，并把它们衔来搭在巢里，用来杀灭巢中 80％ 的寄生虫。

秃鹫有巨大的鼻孔，嗅觉发达，不仅能闻出被树木遮挡住的动物尸体的气味，还能闻出埋在土中的腐肉的气味。鹰即使飞在上千米的高空，也能闻到地面上的腐肉气味。

请你推测——鸟是根据什么选择的？

将两根树枝安放在环境相同的地方，其中的一根树枝用盐水浸泡并晾干，结果人们发现，各种鸟类在咸味树枝上停留的次数和时间明显多于普通的树枝。它们是如何知道脚下的树枝上有它们喜欢的盐分呢？

陆生脊椎动物的嗅觉
——哺乳动物

自然传奇丛书

在脊椎动物中有许多种动物用气味来识别同类。一般说来，只有哺乳动物是用气味来吸引异性的。当雌性处于发情期或准备交配时，都会发出一种香气来引诱异性，如北极熊就能嗅到 30 千米外的异性同类发出的气味。

哺乳动物的嗅觉器官

哺乳动物的嗅觉器官非常发达，表现为鼻腔扩大，三个鼻甲复杂卷曲，发达的鼻甲黏膜表面布满嗅觉神经末梢。哺乳动物的硬腭后方出现了软腭，使内鼻孔进一步后移至咽部，从而使鼻腔与口腔完全分隔。鼻腔分为前庭部、呼吸部和嗅部。嗅部位于鼻中隔上部两侧和上鼻甲。在鼻腔周围的头骨中形成腔隙与鼻腔相通，称为鼻窦，使吸入的空气有足够回旋的空间进行加温和湿润。许多哺乳动物鼻黏膜面积远大于人类的鼻黏膜，因此其嗅觉要比人类强大很多。

哺乳动物的嗅觉

尽管鼹鼠的视力很差，但却有着超灵敏的嗅觉，如星鼻鼹鼠能在无尽头的地下迷宫里准确地找到食物，依靠的就是嗅觉器官，它们玫瑰色的吻端有多达 22 个花瓣形的触角。

食肉类、啮齿类、反刍类动物的嗅觉也比较灵敏。这些类群中有许多动物是夜间活动的，因此，它们善于利用嗅觉器官。

▲鼹鼠

▲狗

▲骆驼

▲穿山甲

自然传奇丛书

有些物种的嗅黏膜甚至扩大至鼻腔外，嗅觉极为灵敏。例如，狗可以嗅出 5000 千克水中是否加入了一汤匙醋酸，甚至对于主人在生气、恐惧、憎恨、高兴时肾上腺素激增所产生的通过汗液所散发出的气味也十分敏感，从而可以辨别出主人的情绪等心理变化。

大象的视力很差，它主要靠灵敏的嗅觉去寻找食物、发现敌害。这种敏感的嗅觉功能还能遗传给后代，使大象具有天生的气味选择记忆能力。

骆驼能在 80 公里外闻到雨水的气味；牛能嗅出浓度低达 10 万分之一的氨液。生活在非洲的大羚羊经常在数十万只同伴集体迁徙途中生下小羚羊，母羚羊和小羚羊就是靠辨认彼此的气味而不至于失散的。

穿山甲，因能挖穴打洞和身披褐色犹如盔甲的角质鳞片而得名。穿山甲觅食时，靠灵敏的嗅觉寻找蚁穴，用强健的前爪掘开蚁洞，将鼻吻伸入洞里，用长舌舔食。

哺乳动物释放气味的作用

猴子、野猪等动物中的首领能够发出使其他雄性动物臣服的气味。其他雄性个体只要闻到这种气味，即使没有见面也会俯首称臣，不敢反抗。

在中国东北大兴安岭有一种貂熊，当它感到饥饿时，便用自己的尿液在地上画一个大圈，被圈入的小动物就像中了魔法一样在圈中不敢乱动，乖乖地等貂熊前来扑食。更为奇怪的是，圈外的豺狼猛兽闻到那股气味竟然也不敢擅自闯入，只能眼巴巴地站在圈外看貂熊美美地进餐。因为貂熊尿液的气味能使某些动物发晕、发怵。

黄鼠狼遇到敌害袭击时，就放出奇臭难闻的含丁硫醇的屁，当它的敌害招架不住时，它便会趁机逃跑。

猫经常会把自己脸上和臀部体腺散发的气味蹭在人的腿上，然后它依靠自己发达的嗅觉远远地就能分辨出主人在哪里。

有一种吃猫的老鼠，身体只有猫的二十分之一大小。但它只要轻轻一叫，猫就会瘫倒在地，老鼠就会不费力地咬断猫的喉管，把猫血吸尽。这种老鼠的秘密武器就是释放浓烈的麻磷气味，使猫一闻就会瘫倒在地。

被人抓住的老鼠有时会撒出尿来，以前，人们认为这是它极度恐惧的结果。其实，这是老鼠使用的一种气味语言，它在向它的同类报警：危险，不要过来，赶快逃命！

加拿大臭鼬和狐狸在受到威胁时，会利用体内特殊腺体发出刺鼻的气味以震慑敌人。

非洲大羚羊会把腺体的分泌物涂在青草和其他植物上，然后再用角和身体去摩擦草茎。草茎就像刷子一样将分泌物涂在它的角上和身体上，当它全身都

▲貂熊

▲黄鼠狼

▲非洲大羚羊

自然传奇丛书

涂满这种分泌物后，就能更容易地把自己的嗅迹留在地面上，并且更容易地找到自己曾经留下的嗅迹。

非洲狮的嗅觉

▲草原至尊非洲狮

能分辨自己同类中不同个体的气味对非洲狮来说非常重要。非洲狮每个个体都有自己独特的气味。雌狮们通过互相摩擦头部、舔舌头等动作进行彼此的问候，同时也把各自的气味留给了对方，以此进行气味交流，同时也产生了群体气味。雌狮还通过个体的气味差异去识别自己的幼仔。幼仔出生后的几个星期里，虽然没有和雄兽有过交往，但是它们通过与雌兽的接触来识别群体的气味，并且必须从雌兽身上沾染这种气味后才能得到雄兽的认可，才能平安地在它身边活动。

非洲狮还用气味来标明种群的领地。它们在植物上磨蹭，把自己的气味留在上面，不时地提醒其他狮群，这块区域已被占领了。

狗 的 嗅 觉

狗的嗅觉灵敏度人所共知，它能够从许许多多混杂在一起的气味中嗅辨出要找的某一种气味，然后跟踪追击。警犬便是靠从身上散发出来的极少量的气味进行追踪的。狗的嗅觉主要表现在两方面，一是对气味的敏感程度；二是辨别气味的能力。它的嗅觉灵敏度居各种家畜之首，特别是对酸性物质的灵敏度要高出人类几万倍。

▲警犬

狗的嗅黏膜在鼻腔上部，表面有许多皱褶，其面积约为人类的 4 倍，大约有 2 亿多个嗅细胞，是人类的 40 倍。狗辨别气味的能力相当强，能在

自然传奇丛书

诸多气味中嗅出特定的味道。警犬能辨别10万种以上的不同气味，它能根据嗅觉信息识别主人，鉴定同类性别、发情状态，进行母子识别，辨别路途、方位等。

人们利用狗的这种奇特嗅觉功能能够完成很多特殊的任务。如猎人用狗追咬受伤的野兽，警察用狗来侦缉罪犯，海关人员用狗缉私、搜查毒品和危险品，地质人员用狗勘探硫铁矿、汞矿和砷矿，工兵用狗探地雷、发现陷阱，海防战士用狗找出由海底潜入的敌人等等。

灵长类动物的鼻子

▲山魈

▲金丝猴

灵长类动物的鼻子一般都不大，如长臂猿的鼻子扁平，呈鹰钩状；猩猩的鼻子小而扁平、下塌；大猩猩的鼻梁塌陷，鼻孔特大而且具有光泽，有隆起的褶状鼻翼；黑猩猩鼻孔小而窄。

有些灵长类动物的鼻子还比较奇特，如猎神狒狒鼻孔极度地外翻；豚尾狒狒鼻子短并

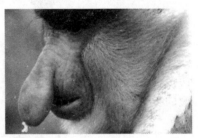

▲长鼻猴

且向上翘；阿拉伯狒狒鼻子深红，鼻梁直抵前额等等。此外，山魈的面部长相更为有趣，它有一个又高又长的深红色鼻子，鼻梁两侧的皮肤布满褶皱，颜色鲜艳，对比分明，像京剧舞台上的大花脸一样。

猴类还有一个极为独特的"另类"——长鼻猴，成年雄猴的鼻子会随着年龄的增长变得越来越大，最终长度竟能达到7～8厘米，由

自然传奇丛书

于鼻子颜色鲜红，远远望去，就像挂在脸上的一个瘪瘪的红气球。由于这个大鼻子一直悬垂到嘴的前面，晃晃荡荡，长鼻猴在吃东西的时候，就不得不先将它移到一边。更为有趣的是，在长鼻猴感情激动的时候，这个大鼻子还能向前挺直，并且上下晃动着，样子十分滑稽可笑。

格外有趣的是金丝猴，它的鼻骨退化，没有鼻梁，形成了一个鼻孔上翘的朝天鼻，所以又叫"仰鼻猴"。

自然传奇丛书

猪鼻子为什么能防毒

▲猪鼻与防毒面具

猪善于用鼻端拱土，觅食植物的地下根、块茎等。因为猪的吻鼻部不仅突出，而且十分坚韧有力。有趣的是，猪的鼻子还能防毒。在第二次世界大战中，德军在战场上施放毒气，当地的猪却通过将鼻子插进泥土中而避免了受到毒气的伤害。原来，家猪的长鼻子插在松散的泥土中，泥土中的细微颗粒对毒气有很好的吸附作用，泥土成了天然的防毒过滤器。科学家从家猪鼻子的防毒功能上受到启发，从而研制出了人戴的长鼻式过滤器防毒面具。

大象鼻子为什么这么长

大象的鼻子是动物中最长的，可以下垂到地面，它是鼻子和上唇的延长体。非洲象的鼻子上有许多较深的环裂皱纹，鼻端上有两根指状突起；亚洲象的鼻子则较为光滑，鼻端上只有一根指状突起。

大象的鼻子由4万多条肌纤维组成，里面有丰富的神经末梢。鼻端有

▲大象

许多感觉灵敏的纤毛，不仅嗅觉灵敏，而且还是取食、吸水的工具和自卫的有力武器。象鼻顶端指状的突起并不大，但上面分布着丰富的神经细胞，所以感觉异常灵敏，这也使得象鼻十分灵活，能随意转动和弯曲，具有人手一样的功能，甚至能捡起地上的绣花针。有趣的是，大象还能像人类握手一样，用互相缠绕鼻子的方式来表达友好的情感或者进行雄雌之间的调情。

防止气味被发现

排除气味对于动物是极其重要的，因为这样就可避免那些凭气味猎食的动物的追踪。

生活在海里的章鱼、鱿鱼和乌贼等动物在受到惊吓或遇到危险时，是依赖其所释放出的墨汁的麻痹作用来阻碍敌人追踪的。从前，人们一直认为，这种墨汁只具有水下烟幕的作用。后来，人们才知道，这种墨汁实际上是一种化学雾，能麻痹追踪者的嗅觉器官。生活在淡水和陆地上的动物，都没有像乌贼那样的能麻痹其他动物嗅觉的特异功能。

▲ 荧乌贼

▲ 鹌鹑

自然传奇丛书

有些鸟儿孵卵时，只让向着土壤的羽毛松开，而那些暴露于微风中的羽毛则尽量收紧，可以使身体散发的气味只向土壤中渗透而不向空气中飘散。鹌鹑及一些在地上筑巢产卵的鸟类能够使自己安全地隐蔽起来，也许就是因为它们身体的气味能被土壤吸收的缘故。假如这种解释是正确的，那么，巢中缺乏衬垫物（通常是羽毛），实际上是有利的，而不是偶然的疏忽，没有了衬垫，鸟儿就可充分利用土壤来吸收气味。

味　觉

　　人类是靠舌头上的味蕾来感受酸甜苦咸的。虽然有些动物缺乏味蕾或一条真正的舌，可是，它们也有味觉。那么，人的味觉器官的结构怎样、人能感觉出哪些味道、味觉是如何产生的？动物的味觉和人类相比又有什么不同呢？那么，让我们一起来探索味觉的奥秘吧！

後記

人的味觉器官——舌

　　每个人都有自己喜欢的味道，可以是酸的、甜的、咸的、苦的等等。我们是用舌头来品尝食物味道的。当然，舌头还能产生其他不同感觉，如硬的或软的、冷的或热的等等。

舌头上的精灵——味蕾

　　舌是口腔中可以随意运动的器官。它位于口腔底部，主要由骨骼肌构成，表面覆有黏膜，具有搅拌食物、协助吞咽、辨别食物味道和辅助发音等功能。

　　味觉是化学性感觉，是化学分子与味觉感受器接触产生神经信号，传到大脑皮层相应部位形成的感觉。人和哺乳动物的味觉感受器主要是味蕾。在舌的表面，密集生长着许多小的突起。这些小突起形同乳头，所以，医学上称

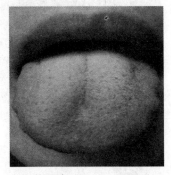

▲人的舌头

为舌乳头。在每个舌乳头上面，长着像花蕾一样的结构，就是味蕾。

　　正常成年人约有一万多个味蕾，主要分布在舌的表面，特别是舌尖和舌的两侧。口腔的腭、咽等部位也有少量的味蕾。

　　味蕾由味细胞、支持细

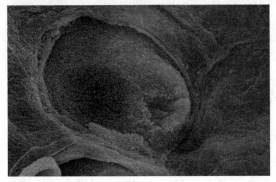

▲电镜下的味蕾

自然传奇丛书

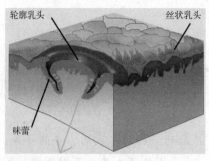

▲舌乳头

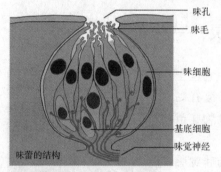

▲味蕾结构

胞和基底细胞组成。由味蕾表面的味孔伸出的位于顶端的味毛，是味觉感受的关键部位。而味细胞就是由位于底端的基底细胞分裂和分化而来的。当能溶于水的有味物质刺激味细胞时，味细胞产生神经冲动，经由各级神经传导，最后到达大脑皮层的味觉中枢，从而形成味觉。

总之，人吃东西能品尝出酸、甜、苦、咸等味道，就是因为舌头上有味蕾。人吃东西时，通过咀嚼及舌、唾液的搅拌，味蕾受到不同味物质的刺激，将信息由味神经传送到大脑皮层的味觉中枢，便产生味觉，从而品尝出饭菜的滋味。

自然传奇丛书

动手做一做

用干净的棉球擦拭舌尖，将其上的唾液擦干，放上几粒食用糖；把糖粒溶于水中，将糖液滴在舌尖上。比较一下，哪种情况可感觉到甜味呢？

酸甜苦咸是怎么产生的

味蕾所感受的味道可分为甜、酸、苦、咸四种。其他味道，如涩、辣等都是由这四种味道融合而成的。

人分辨苦味的本领最高，其次为酸味，再次为咸味，而甜味则是最差的。味蕾中有许多受体，这些受体对不同的味道具有特异性，比如，苦味

受体只感受苦味。当受体与相应的味道刺激结合后，便产生了神经冲动，此冲动通过神经传入神经中枢，于是，人便会产生不同的味觉。

舌的不同部位感受各种味道的味蕾分布不同，所以，不同部位对各种味道的敏感性也不同。舌尖对甜味最敏感；舌两侧的后半部分对酸味较敏感；舌头根部对苦味较敏感；舌尖和舌头两侧的前半部分对

▲美食

咸味较敏感。每个人味蕾的分布可能会稍有不同，对各种味道的敏感程度也不同。

链 接

味觉的信号作用

1. 甜味是需要补充热量的信号；

2. 酸味是新陈代谢加速和食物变质的信号；

3. 咸味是帮助保持体液平衡的信号；

4. 苦味是保护人体不受有害物质危害的信号；

5. 鲜味是蛋白质来源的信号。

味觉和嗅觉的关系

气与味本来是两种不同的感觉。鼻子闻到的是气，而味觉则是舌头上各种乳头和味蕾的感受，包括酸、咸、甜、苦、辣等。气与味的感觉，关系很密切，只有两种感觉都健全的人，吃起东西来，才会觉得津津有味。伤风感冒时，鼻腔内的鼻黏膜发炎红肿，鼻甲肿大，鼻孔通气不畅，气味颗粒不能到达嗅黏膜，也就不能刺激嗅神经末梢，所以闻不到气味。这时，由于失去嗅觉的成分，吃东西也不香，明明是香喷喷的红烧肉也感到味同嚼蜡。

自然传奇丛书

你知道吗？

我们靠舌头上的味蕾感受食物的味道，而味蕾的生长，离不开一种含锌的蛋白质——味觉素。快餐食品中普遍存在缺锌的问题，会对味蕾的结构与功能产生不利的影响，降低味觉的灵敏度。同时，味觉素也是口腔黏膜上皮细胞的营养因子。缺锌时，味觉素合成异常，口腔黏膜上皮细胞的结构与代谢产生异常，会出现上皮增生和角化不全，从而容易脱落，掩盖和堵塞味蕾小孔，造成味觉不灵敏，进而影响食欲。

在炎热的夏季，人体会排出大量的汗液，锌也会随汗水排出体外，这也是人们夏季食欲不振的原因。

万花筒

你知道吗？

有些人的味觉特别敏锐。加拿大有位厨师能用舌头辨出一吨清水中仅仅一滴醋的存在。俄罗斯有一个叫娜塔莎的姑娘尽管双目失明，但灵敏的舌头轻轻一舔便能准确地分辨出数百种蘑菇是否有毒。正是因为有灵敏的味觉，现在社会又衍生出了许多新的职业：品酒师、美食家等等。你还知道哪些职业和灵敏的味觉有关呢？

"望闻问切"的"望"

人的舌乳头上皮细胞经常轻度角化脱落，与唾液和食物碎屑混合而形成一层白色薄苔，称为舌苔。正常人的舌苔，一般是薄而均匀地平铺在舌面，舌面中部、根部稍厚。人的舌苔可因身体情况不同而有不同颜色的变化。当患病时，进食少或只进软食，牙齿咀嚼和舌搅拌的动作减少，或唾液分泌减少，舌苔就会变厚。所以，观察舌苔是中医重要的诊断方法之一。如舌苔由薄变厚，颜色由白渐变得有点黄色，舌边舌尖由淡红变红，而且舌边有齿印，则提示消化不良、胃肠积食等；如果舌红无苔、舌面光滑如镜，大多是胃肠湿热或阴虚火旺所致，常见于寄生虫病或慢性消耗性疾病；如果舌苔干燥，多为伤津液，常见于失水、高热等。

 你知道吗？

　　近年来，千奇百怪的"味觉病"在世界各地出现，患者人数也在急剧增加。一名叫弗尼尔的美国人得了"味觉紊乱症"：苹果在他嘴里变成类似米饭的滋味，而喝起新鲜牛奶来却如同喝变质啤酒似的难受；另一名叫康思尼的英国大学生患的是"失味症"，他抱怨无法分清盐水和清水味道有什么不同，喷香的红烧排骨在他嘴里竟然和烂土豆无异！

自然传奇丛书

生物如何认知世界

不同动物的味觉功能一样吗
——动物味觉比较

自然传奇丛书

不同的动物味觉器官不同，一些较低等的动物虽然缺乏味蕾或一条真正的舌，可是它们也有味觉。随着动物的进化，它们的味觉器官的结构、功能也在不断地发展。动物的味觉因生活环境、摄食行为的不同而不同。

原生动物的化学感受位点

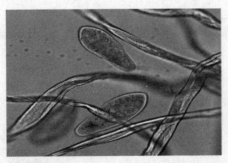
▲草履虫

单细胞的原生动物（如草履虫）的细胞膜上有一些特殊的化学感受位点，用以寻找食物和氧气丰富的环境、避开有害物质的伤害。这些化学感受位点能诱发一种简单的反复尝试行为，这种行为称为趋化性。趋化性能使动物趋利避害，提高自身的生存能力。

动手做一做

准备两个载玻片，分别在两端各滴一滴草履虫培养液，并使两滴培养液连通。在两块载玻片右侧培养液的边缘分别放一小粒食盐和一滴肉汁，观察在显微镜下会发生什么现象吧！

低等无脊椎动物的化学感受器

低等无脊椎动物由于神经系统的结构简单，其味觉和嗅觉在结构和功能上还不能区分开。它们的化学感受器是体表的一些特殊的感觉细胞。这种感觉细胞直接和神经末梢或效应器细胞（如黏液分泌细胞）相连，从而接受化学刺激并做出反应。

▲涡虫

例如，扁形动物涡虫的耳突和纤毛窝、线形动物的头感器和尾感器、环节动物沙蚕的项器、软体动物柄鳃上的嗅检器等都是具有味觉作用的原始化学感受器。

苍蝇的味觉

在苍蝇的口器上有一片海绵状结构，叫唇瓣，苍蝇用它不断地到处舔舐。科学家把唇瓣上的一根细毛接上微电极放入糖液中，可立即在电流计中看到反应，这说明，苍蝇能通过它感觉到味道并能做出反应。

我们经常会看到这样的现象：苍蝇停下来时，喜欢把脚不停地搓来搓去，这是为什么呢？

▲苍蝇

原来，在苍蝇的前足，附有许多丛生的能品尝味道的感觉器官，即味觉毛，它们的前足一踏在食物上，就能够迅速地区别食物的不同味道，如甜的、咸的、酸的或苦的。也就是说苍蝇可以用脚来尝味道。事实上，一只绿头大苍蝇的前足，对某些糖的敏感程度，比它的口器强了 5 倍。如果绿

自然传奇丛书

头大苍蝇饿了10天，那么，它对糖的敏感程度就急剧增加，比它吃饱时高700多倍。

鱼的味觉

▲鲇鱼

▲锦鲤

某些鱼类具有特殊的味觉器官，如触须等。触须就像是延长的舌头一样，在触须触及物体时，也能产生味觉。可见触须上的触觉感受器与味觉有一定的关系。某些生活在泥水或黑暗环境中的鱼类，味觉器官和嗅觉器官几乎一样有效。

圆头鲇鱼在寻找食物时，如果捕食对象是朝着它的方向游来，即使距离较远，或者它的嗅神经损伤，通过味觉器官也能发现猎物。但如果味觉神经受到损伤，它发现食物的本领就会立即丧失。

淡水鱼的味蕾多数分布在鳃腔内。当水流经鳃腔时，也会经过味蕾，从而产生味觉。有些鱼类数千个味蕾散布于全身，以此探测整个水域。很可能这些外部味蕾的功能仅仅是检测食物，它既不能识别食物的种类，也不能辨别各种食物的差异。在这些鱼的嘴里、喉头和鳃腔中有许多其他的味蕾，它能够控制鱼不去吃那些虽已找到但滋味不佳的食物。

蛇的味觉

　　几乎所有的蛇，都有一条鲜红而又分叉的舌头，称为"蛇信"。一般动物的舌是味觉器官，能感受不同食物的各种滋味。而蛇的舌却更像鼻子，表面没有味蕾，无法辨别酸甜苦辣，反而能嗅到外界的气味。蛇不断地将它那分叉的舌头伸出口外，探测空气中的气味，当舌摄取到空气中的化学分子后，便迅速将舌回缩入口，产生味觉。

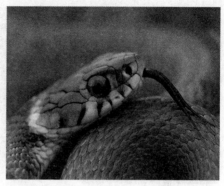

▲蛇

▲鸽子

鸟的味觉

　　我们经常会见到，鸟类吞食苦涩的植物种子和果实，所以，很多人认为，鸟类不能辨别苦味，没有味觉。后来，人们发现，鸟在觅食时，多数是囫囵吞下的，但给鸟喂昆虫时，鸟显然比啄食谷物更津津有味。科学家研究证明，食虫鸟的味觉比食谷类的鸟要发达一些。研究发现，鸟类不喜欢用无机物合成的苦味，却接受天然有机物中的苦味，而这中间的差异，即使是人类的舌头也是难以分辨的。科学家们发现鸟舌中味蕾较少，一般只有 20～60 个，但是，鸽子却能尝出一粒谷中富含蛋白质的部分和富含淀粉的部分。当人们把谷粒撒在地上喂鸽子的时候，松鼠往往先跑出来，用它那锐利的牙齿，把谷粒中富含蛋白质的胚芽部分咬断吃掉。剩下的大半截谷粒，鸽子往往啄一啄，尝尝味就丢掉不吃了。可见，它们也能区别淀粉与蛋白质。

自然传奇丛书

猫 的 味 觉

▲猫

猫的味觉器官是位于舌根部的味蕾和位于软腭和口腔壁上的味觉小体。猫舌头上大约有 470 个味蕾。据研究，猫可以感知酸、苦、辣等味道，可以选择适合自己口味的食物，并且还能品尝出水的味道，这一点是其他动物所不及的。猫对甜味不敏感，因为它们是肉食性的，不用消化含高能量、高糖分的甜味植物性食物，如水果和蔬菜，所以对甜味的感觉就退化了。我们知道猫喜欢吃高蛋白质的动物性食品，如鱼和肉类等等。不过，食物能吸引猫的不是味道，而是气味。猫只要闻一下食物，不喜欢就会走开，而不会放进嘴里尝尝。

皮肤的感觉

　　皮肤覆盖在动物身体的表面，是最大的感觉器官。皮肤有保护身体、调节体温、排泄和感受各种刺激的作用。

　　皮肤内分布着多种感受器或感觉神经末梢。一般认为，皮肤感觉主要有四种，即触觉、冷觉、温觉和痛觉。通过皮肤的触摸，可感受到物体的冷热、软硬、光滑与粗糙。冷觉和热觉统称为温度觉，它让我们感知温度的变化，提醒我们要适时增减衣物；而痛觉则是动物的自我保护机制，使动物能及时地躲避不利刺激，有利于生存。那么，人的皮肤结构怎样，有什么功能？不同动物皮肤的功能都一样吗？皮肤的感觉有什么不同之处呢？让我们一起来了解动物的皮肤感觉吧！

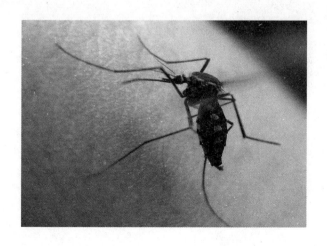

人皮肤里的各种感觉
——触觉、温度觉、痛觉

　　皮肤受到刺激能产生多种感觉，主要有触觉、温度觉和痛觉。皮肤感觉最重要的机能就是让人感知周围环境的变化并对有害的刺激做出反应，从而使保护机体免受危险和伤害。

人皮肤的结构

　　皮肤覆盖在人体的表面，是人体最大和最重要的器官，柔韧而富于弹性。皮肤总重量约占人体的 8％，皮肤内容纳了人体约 1/3 的循环血液和约 1/4 的水分。皮肤的厚度因年龄、性别、部位的不同而不同。皮肤是由表皮、真皮、皮下组织三部分组成的。

　　皮肤中有感受外界刺激的各种感受器，即感觉神经末梢。感觉神经末

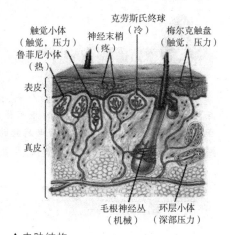

▲皮肤结构

触觉小体（触觉，压力）
神经末梢（疼）
克劳斯氏终球（冷）
梅尔克触盘（触觉，压力）
鲁菲尼小体（热）
表皮
真皮
毛根神经丛（机械）
环层小体（深部压力）

▲缩手反射

梢可以感受外界的冷、热、痛、触、压等多种刺激并做出相应的反应。例如，手被烫一下就会马上缩回来。当神经末梢受到外界刺激后就会产生一定的信号，再经由传入神经传导到大脑皮层相对应的神经中枢，人就会产生各种各样的感觉。触觉、

冷觉、温觉和痛觉等各种感觉的感受器在皮肤上呈点状分布，分别称为触点、冷点、温点和痛点。由于身体的不同部位各种感受器的数目不同，所以身体各个部位对各种刺激的敏感度也不一样。因此，感觉的灵敏性取决于感受器在皮肤上分布的多少。

人皮肤的触压觉

当我们身体一定部位的皮肤与物体接触时，都会感觉到物体的存在，甚至能对所接触物体的形状、软硬、光滑与粗糙等情况做出一定的判断，这就是触觉。当物体接触皮肤表面达到一定的力量时，会引起皮肤变形，这时人就会产生触压觉。身体不同部位的触压觉感受性有很大差异：活动频繁的部位如指尖、嘴唇、眼睑等处对触压最敏感，而人体背腹部对触压的感受性却较低。

你知道吗

如果皮肤上有一定距离的两个点同时受到接触刺激，引起的感觉是"两个点"；当受刺激的两个点之间的距离缩小到一定程度时，引起的感觉是"一个点"。我们将触觉所能分辨的两点刺激的最小距离，称为触觉的"两点阈"，两点阈的大小可以说明触觉的敏感程度。

动手做一做

我们知道，手的各个部位对各种刺激的敏感性是不一样的，如指尖是手部最敏感的部位，你能设计一个实验来证明吗？或者用一根头发分别在自己的鼻尖、面颊、手心、手背和脚心等部位接触一下，体验一下人体不同部位的皮肤对相同刺激的敏感性是否相同？

人的温度觉

冷觉和热觉统称为温度觉。当刺激温度低于皮肤温度时，会使皮肤温度下降，人就会产生冷觉。当刺激温度高于皮肤温度时，会使皮肤温度升高，人就会产生温觉。

冷和温的感受是由不同的感受器引起的。感受冷刺激的感受器叫冷感受器，感受温刺激的感受器叫温感受器。某些化学物质也可以引起温度觉，比如，在皮肤上涂点清凉油就会产生清凉的感觉。身体不同部位对温度觉的感受性同样有很大差异。一般来说，面部对冷热有较大的感受性，而下肢的感受性较小，身体经常被遮盖的部位对冷有较大的感受性。当然，温暖的感觉和热的感觉是不同的。温暖是一种使人感到舒适的感觉，而热是一种使人不太舒服的难受的感觉。当刺激温度超过45℃时，人就会产生热甚至很烫的感觉，这是一种复合的感觉，是温觉和痛觉同时在起作用。

动手做一做

准备三个水槽，分别标记为1、2、3号，然后向1号水槽加入约25℃左右的水，2号水槽加入约30℃的水，3号水槽加入约35℃的水。将左、右手分别浸入1号和3号水槽，持续10秒左右，然后同时快速转入2号水槽1~2秒，体会左、右手感觉有何不同？

人的体温调节

人的体温调节中枢是在间脑的丘脑下部，也叫下丘脑。在下丘脑存在着两个不同的中枢：前部是散热中枢，后部是产热中枢。

当人处在炎热的环境中，皮肤里的热觉感受器受刺激后所产生的兴奋传到体温调节中枢，引起散热中枢兴奋和产热中枢抑制，从而反射性地使肌肉松弛，皮肤血管扩张，血流量增大，汗液分泌增多等，这样，人体散热增多，产热减少，体温就能维持正常。

当人体处在寒冷的环境中，寒冷刺激了皮肤里的冷觉感受器，感受器产生的兴奋传入下丘脑的体温调节中枢，引起产热中枢兴奋和散热中枢抑制，从而反射性地引起皮肤血管收缩，血流量减少，使皮肤散热量减少。同时，皮肤的立毛肌收缩，即起"鸡皮疙瘩"，骨骼肌也会产生不自主地颤栗，使产热量成倍地增加。这样，人体通过对散热过程和产热过程的调节，从而维持恒定的体温。

链接——人的体温

人测量体温部位有 3 个：口腔、腋窝和直肠。正常人口腔温度为 36.3℃～37.2℃，腋窝温度较口腔温度低 0.3℃～0.6℃，直肠温度较口腔温度高 0.3℃～0.5℃。在一昼夜之中，人体体温呈周期性波动。清晨 2～6 时体温最低，午后 1～6 时最高，波动的幅度一般不超过 1℃。

当人体有细菌、病毒等病原体入侵时，有时机体会启动一种自我保护机制——发热，来抵抗病原体（很多病原体在 39℃以上就会死亡）。这时，温控中心就会发出一个虚假的信息——体温过低，机体就会相应地调节体温，比如打寒战等，人会感觉到冷。

讲解——人体冷冻技术

据报道，2001 年 2 月底的加拿大埃德蒙顿市的气温在－30℃以下。仅有 13 个月大、刚学会走路的女婴艾里卡夜里醒来后，只穿着纸尿裤和一件 T 恤衫走到了－30℃的室外！等她被发现时，身体已经僵硬，心脏也停止了跳动，体温已经下降到 16℃——不到正常人体温度（37℃）的一半！从她被冻僵的情况分析，她跑到室外的时间最少 30 分钟，最多有可能超过 4 个小时！

在医护人员的救助下奇迹发生了：艾里卡的心脏突然跳动了一下，接着，竟然连续地跳动起来！小家伙复活了。科学家因此断言：冻体复活不是梦。

事实上，人体细胞冷冻已经被广泛应用于临床，比如，在治疗不孕不育症时使用的精子冷冻、卵子冷冻、胚胎冷冻技术等。科学家预测，人体冷冻技术在未来的应用将十分广泛。可以把患了绝症无法医治的病人冷冻起来，等几百年后相关的技术出现，再使其复活，经治疗而获得健康。

人 的 痛 觉

当外界的某种刺激会破坏皮肤组织对人造成伤害时，痛觉感受器就会发出信号，通过神经传到大脑，人就会产生痛觉。痛觉能够使我们及时躲避有害刺激，所以，痛觉是人体内部的警报系统，它对人体起到保护作用，从而有利于人的生存。人身体不同部位对痛觉的感受性有很大差异。一般来说，背部、脸部等部位比较敏感，而脚掌、手掌等部位不太敏感。除皮肤外，全身各处包括肌肉、关节以及内脏器官的损伤都会引起痛觉。影响人的痛觉的因素很多，比如，过去生活中的一些经验、不同的情绪状态、注意力是否集中以及个人意志等都会影响人的痛觉。

你知道吗？

痛觉对机体具有保护作用，它可以防止机体进一步受到损害，确保机体的健康与完整。据报道，有些人生来就没有痛觉，这种病被称为"先天性痛觉缺失症"。这种病人很难学会保护自己，使自己的身体免受严重的损伤，所以往往会遭受严重的烧伤、撞击伤、撕裂伤以及骨折等。加拿大有一个患先天性痛觉缺失的女孩，这个女孩智力发育很好，除了从来没感觉到疼痛以外，其他医学检查都正常。在她童年时曾经因为吃东西把自己的舌尖给咬掉了，还有一次跪在很烫的暖气片上眺望窗外景物，以致造成三度烧伤。由于她没有痛觉，导致身体多个部位的广泛损伤，女孩于29岁时死去。

自然传奇丛书

各有千秋
——不同动物的触觉器官

在自然界，许多动物都有触觉。但不同的动物用来感受触觉的器官不同，人用皮肤来感觉，海葵靠触手来感觉，昆虫用的是触角，而鱼类用的是侧线等等。那么，就让我们一起来探秘动物的触觉世界吧！

海葵的触手

▲海葵

▲海葵

海葵的身体呈圆柱状，身体下端是一个基盘，能够固着在海底的礁石上，口的周围长着很多触手。海葵在水中不受惊扰时，触手伸开像葵花一样，所以叫作海葵。海葵的结构比较简单，没有其他的感觉器官，只能靠触手来感知水底世界。

生物学家发现，当海葵被触动时，许多触手都会同时产生一阵反射性的痉挛，这说明有信号传递到了海葵的全身，但是，只有直接和食物接触的触手才有抓取食物的反应。当然，这些信号是非常简单的，因为每次接触，海葵所产生的反应都是相同的。

那么，海葵的触手是否具有进一步的辨别能力呢？科学家曾经用塑料虾做过实验，结果发现，当海葵的触手接触到人工放置的塑料虾时，先是把它抓住，停留片刻后又把它放了。这就表明，海葵的神经细胞已能判断出塑料不是食物。但是，用塑料虾接触不同的触手时，海葵每次捕捉的过程都会周而复始地进行。这也说明，信息并没有传遍海葵的全身，而且每一只触手都能判断它所接触到的物体是否是食物，但却没有向其他触手传递信息的功能。

蚯蚓的体壁

蚯蚓是生活在土壤中的一种动物，昼伏夜出，以腐败有机物为食。当蚯蚓在爬行时，如果我们碰碰它，它就会将身体扭曲或摆动身体，这说明它是有触觉的。但是，它的感觉器官不发达，不仅口有触觉功能，体壁上的小突起也有触觉功能。

▲蚯蚓

昆虫的触毛和触角

许多昆虫都具有十分发达的感觉器官，其中广泛分布于昆虫身体各个部位的触毛，能感受接触、气流和水流等各种压力变化的刺激。当触毛受外界压力影响时，会朝一定的方向弯曲，这时，触毛中的感觉细胞便会产生信号，将刺激通过感觉神经纤维传导到神经中枢。除此之外，昆虫各种各样的触角也有

▲蜜蜂

触觉功能，触角表面具有很多不同类型的感受器，可以形成嗅觉或触觉等。

自然传奇丛书

▲脊纹鼓虫

　　美国动物学家发现，有一种生活在水中的昆虫——鼓虫能察觉到水中极微小的颤动。他们把鼓虫放在水族箱中试验，只用一根细铁丝轻轻拨动水面，就会招引鼓虫游来。原来，鼓虫的触角上生着一簇簇有感觉作用的细毛，游动时，长在前面的触角刚好接触水面，使它不但能感觉到其他昆虫所引起的水面微波，还能觉察到自己活动时引起的微波遇到障碍物时反射回来的回波。

鱼的侧线

　　当鱼在水里游泳时，如果我们轻触一下水面，鱼就会很警觉地逃离原处。鱼之所以能对水的振动反应这么快，主要是靠侧线的作用。如果我们仔细观察，会发现在鱼身体两侧的鳞片上有许多小孔连成了一条线，这就是侧线。侧线上的这些小孔连通于皮下侧线管，管壁上分布有许多感觉细胞，感觉细胞上的神经末梢，通过侧线神经而直达脑部，使鱼脑能及时地感觉到体外任何压力的轻微差别和水的波动，并做出迅速的反应。

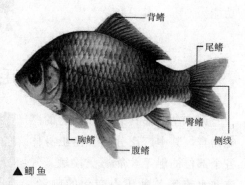

背鳍
尾鳍
臀鳍
侧线
胸鳍
腹鳍
▲鲫鱼

猫的胡须

　　猫主要是通过体毛和皮肤来形成触觉的，猫的触觉器官中最敏感的就是它的胡须。当它的胡须伸展开时，是与猫的身体一样宽的，这使它在黑暗中也能探测路的宽窄，推测自己的身体能否通过。猫在吃完食物后，会舔舔前爪，擦擦胡须，如此反复，这就是我们平常说的"猫洗脸"。猫的这种动作只是为了让胡须更灵敏一些，同时，这也充分证明了胡须对于猫来说是一个多么重要的感觉器官。

▲猫

此外，我们还经常见到猫用它那无毛的鼻端或脚垫来感触物体的大小、形状和距离等。

海象的触须

海象喜欢吃虾、蟹等海洋食物，尤其喜欢蛤蜊的肉。在寻找食物时，海象先用长牙把这些动物从海底的泥沙里挖出来，再用鳍状肢清扫；或者用嘴唇对着海底猛吹，将海底的泥沙吹起来，使这些猎物暴露出来。挖起的或吹起的泥土和沙砾使海水变得浑浊时，它们就会通过嘴边的触须来寻找食物。

▲海象

海象的触须有400根以上，在寻找食物的时候每一根触须都可以单独活动。当它找到什么东西的时候，便用唇中间短一些的触须接触那个东西，以判断是否可以食用。

动物的自我保护机制——痛觉

当人被针扎一下时，会产生痛觉。猫、狗等这些高等的哺乳动物也有痛觉，因为它们疼痛时会惨叫，可见对疼痛会有反应。那么，鱼、虾等这些低等的动物有没有痛觉呢？让我们一起来了解一下吧！

对虾的痛觉

▲对虾

以前人们一直认为，只有脊椎动物才有痛觉，其他动物是没有痛觉的。但是，英国贝尔法斯特皇后大学的研究人员曾把醋酸涂抹在 144 个对虾的触角上，发现对虾花了至少 5 分钟的时间来整理和摩擦被涂抹的部位。这跟哺乳动物接触到有害刺激时发生的应急反应是一样的，这说明对虾是有痛觉的。

蜘蛛的痛觉

20 世纪 80 年代，美国康奈尔大学的两位生物学家偶然发现，蜘蛛会采用断肢术死里逃生。在一张蛛网上，一只长有毒颚的昆虫被粘住了，它拼命挣扎仍然无济于事。蜘蛛从角落里爬了出来，准备饱餐一顿。谁知它刚走近昆虫，昆虫便伸出毒颚，在蜘蛛的腿上狠狠螫了一下。这一突如其来的举动，使蜘蛛停止了进攻，马上

▲花蜘蛛

自己断下那条被蜇伤的腿，退回了原地。如果蜘蛛没有这一断肢绝招，腿上的毒液进入全身，那它就性命难保了。这两位科学家在深感惊异的同时，预感到蜘蛛似乎和人一样，也有着痛觉。不然的话，它被蜇后为什么能断下中毒的肢体呢？

为了揭开其中的奥秘，他们设计了一个有趣的实验：在蜘蛛的腿上分别注射不同的蜂毒：有的有毒，有的无毒，有的会引起人体剧痛，有的不会引起疼痛。结果，注射了有毒和能引起剧痛的蜂毒后，蜘蛛发生了断肢反应；而注射了无痛和无毒的蜂毒后，蜘蛛便没有这种反应。由此可见，蜘蛛确实也有痛觉。

虹鳟鱼的痛觉

据报道，英国利物浦大学的生理学家琳·史奈顿曾将蜂毒和乙酸分别注射到虹鳟鱼的嘴巴里，结果虹鳟鱼表现出了反常的行为，比如在容器底部的砾石上磨鼻子，摇晃身体等。

▲虹鳟鱼

然后，她给虹鳟鱼止痛剂吗啡，很快，这些鱼的行为变正常了。她据此推断，既然注射液让虹鳟鱼有不适感，虹鳟鱼的反应就不仅仅是普通的应急反应，而是它们真的有疼痛感。因为它们受刺激后的反应跟我们人类一样——首先是躲避，之后是异常行为，最后给予止痛剂后就变得正常了。后来史奈顿在虹鳟鱼的嘴唇上发现了 58 个特殊的感受器，其中，有22 个感受器可以归类为痛觉感受器。这些感受器与人类的痛觉感受器极其相似，能将信号传递到大脑。所以，虹鳟鱼拥有产生痛觉的物质基础。

没有痛觉的裸鼹鼠

我们知道，鼹鼠生活在地下，没有视觉，主要靠敏感的触觉来感知环境。

伊利诺伊大学芝加哥分校的汤姆斯·帕克等人在研究裸鼹鼠触觉敏感

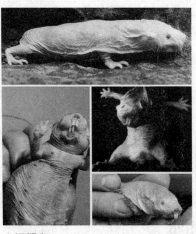

▲裸鼹鼠

自然传奇丛书

的原因时发现，它们的皮肤和其他动物相比，少了一种基本的化学物质——"P 物质"。P 物质是一种神经递质，有多项功能，最主要的一项功能是能把疼痛信号传导到大脑皮层，从而产生痛觉。既然裸鼹鼠体内没有 P 物质，是不是就意味着它们对疼痛没感觉了呢？如果我们用手去触摸一个温度在 45℃以上的炽热灯泡，就会感到烧痛而立即缩手。在手上涂一些辣椒素再去摸热灯泡的话，反应更厉害。但是，通过实验发现，裸鼹鼠的脚掌却对热灯泡无动于衷，涂上辣椒素也不起作用。

为了证明裸鼹鼠对疼痛的麻木是由于缺乏 P 物质导致的，帕克等人往裸鼹鼠的脚掌中注射进疱疹病毒。这些疱疹病毒经过了改造，加了能制造 P 物质的基因。疱疹病毒沿着脚掌里的神经末梢迁移，几天后跑到了脊髓附近的神经细胞中，躲在那里制造 P 物质。不出所料，这些接受了"基因疗法"的裸鼹鼠有了正常的痛觉，它们的脚掌一碰到热灯泡，立即就缩了回去。

小知识——P 物质的发现

1931 年，英国生理学家戴尔正在研究神经递质的作用（他因此在 1936 年获得诺贝尔奖）。

当时，已知的神经递质是乙酰胆碱。戴尔让其研究生冯·欧拉做一个实验，证明小肠释放的乙酰胆碱能刺激小肠的收缩。冯·欧拉发现从兔子的小肠提取出来的溶液能引起小肠收缩。为了证明收缩是由乙酰胆碱引起的，冯·欧拉又加入能阻断乙酰胆碱的药物阿托品，如果收缩是因为乙酰胆碱引起的，小肠就会停止收缩。然而小肠却还在收缩，这就说明在小肠提取液中有另外一种能刺激小肠收缩的物质。随后，他们在脑组织里发现了更多这种活性物质。他们把它从编号"P"的制剂中提取了出来，就把它叫作 P 物质。

皮肤的感觉

链 接

动物也需要福利待遇

动物和人一样有痛觉，对死亡也有着极度的恐惧。不正当的屠宰方式，不但会使动物受到惊吓，还会使肉品胴体淤血、表皮出现斑点等，从而降低肉品品质。中国人道屠宰计划已经启动，呼吁改善动物福利，进行人道屠宰。在动物屠宰前应先致昏，以减少动物的痛觉和受惊吓的程度。

知冷知热的感觉——温度觉

在自然界，每年都有四季变化，当然，温度也会随着季节而变化。人类可以靠皮肤来感知温度的变化，那么，生活在自然界中的各种动物是否能感觉到温度的变化呢，它们又是靠什么器官来感觉的呢？

鲨鱼的壶腹

▲鲨鱼

在鲨鱼的嘴边，分布着一些小孔，每个小孔都连着一根长长的透明导管，导管的末端深入到一个球囊状的结构——洛伦氏壶腹之中，并且从壶腹伸出一根细小的神经纤维，汇入与前侧线相连的神经，然后一直到达大脑。这些小孔可以向大脑传送接收到的信息。

1938年，英国普利茅斯海洋生物学协会的亚历山大·桑德成功地放大了由洛伦氏壶腹传向大脑的神经脉冲，并记录下了这一过程。他发现，神经脉冲按一定频率发放，特定的刺激可以使频率突然地升高或降低；壶腹对触摸、压力和温度都有反应。事实上，壶腹对温度极为敏感。当温度下降时，神经脉冲的发放频率会上升，即使外部温差只有0.2℃，它也可以察觉出来。由于水温会对鱼类的迁徙及行为有一定的影响，所以，温度感受器壶腹对水温的精确辨别对鱼类的生存有着重要的作用。如今，科学家进一步发现，鲨鱼还可以靠壶腹感受到微弱的电场信号。

响尾蛇的颊窝

响尾蛇几乎没有视力，却能在茫茫黑夜及时发现并准确地捕食到猎

自然传奇丛书

物，靠的是什么呢？

原来，在蛇的颊部两侧各有一个凹窝，称为颊窝。颊窝呈喇叭形，中间被一片薄膜分成内外两个部分。这片薄膜上布满了对温度变化非常敏感的神经末梢，能在不超过 0.1 秒的时间内感觉到 0.001℃的温度差。薄膜里面的部分有一个细管与外界相

▲ 响尾蛇

通，所以，里面的温度和外界温度相同。颊窝斜向朝前，像一个热收集器，如果所对的方向有发热的物体，就会热辐射到薄膜外侧的一面，这样，就比薄膜内侧一面的温度高，薄膜上的神经末梢感觉到温差，就会产生一定的神经信号，传给大脑。而且，响尾蛇还可以根据两侧颊窝的不同感觉来判断热源的方位。所以，即使在完全黑暗的环境下，响尾蛇也可以判断出猎物的位置，并对它们进行准确攻击。

科技文件夹

响尾蛇的"热眼"与响尾蛇导弹

人们根据响尾蛇的热定位原理，制造出了空对空的"响尾蛇"导弹，即将红外探测器配备在导弹上。这种导弹不仅可以根据飞机发动机发出的热量来追踪飞机，而且还能根据飞机在空中留下的"热痕"来持续地跟踪追击目标。

蚊子的触角

我们经常有这样的经验：在夏天的夜晚，灯刚关掉，讨厌的蚊子就在人耳边嗡嗡地吵。蚊子在黑暗中看不见人，那么，蚊子是怎样发觉人的呢？原来，蚊子靠的是它的一对触角对人身上发出的热产生感应。蚊子的触角里有一个受热体，对温度十分敏感，只要有一点温差变化，就能立

▲ 蚊子

即感觉到。

蚊子觅食时，会不断地转动一对触角，当两只触角接收到的辐射热相同时，就判断出可被吮血的动物在正前方，根据离热源越近，所接收到辐射热越多的原理，就能准确地找到热源。

枪乌贼的测温器

▲枪乌贼

在深水枪乌贼的鳍上，约有30个可以接受热射线的小测温器。这些测温器分布在皮肤上，呈黑点状。在显微镜下观察，它是由球形囊所组成，囊中充满透明的物质，囊的表面覆盖着厚厚的一层红色细胞——滤光器，只有红外线能通过它，其他光线则都被过滤掉。枪乌贼的测温器究竟有什么用处呢？原来，它们经常会被贪食的抹香鲸捕食。在这些大鲸类的食谱中，深水枪乌贼占95％以上。如果有恒温的鲸类前来，测温器就能发出警报，使枪乌贼能够及时逃脱。

眼斑冢雉的孵卵

在繁殖季节，雄眼斑冢雉会将树叶和泥沙一层层堆积起来，再在上面建造一个巢，雌鸟将卵产于巢中，眼斑冢雉就是依靠树叶堆里的树叶腐烂发酵产生的热量来孵卵的。树叶发酵产生的热量越积越多，巢里的温度也会随之升高。如果温度有过高的趋势，雄眼斑冢雉会将沙土扒开，使热量散发出去。等巢内温度变低，雄眼斑冢雉又把沙土堆在树叶堆上。就这样它们不断调整树叶堆的温度，使堆顶的巢内温度总保持在33.3℃左右。

鸟类学家吉尔贝特曾经巧妙地将一个电热器放在巢下的树叶堆，隔一段时间加热一次。结果，雄眼斑冢雉时而扒开沙土，时而堆上，为保持巢内温度不停地忙碌。

那么，雄眼斑冢雉又是怎样精确地感知巢内温度变化的呢？鸟类学家经过观察发现，雄眼斑冢雉在检查巢内温度时，会迅速地在沙土层挖开一个洞，将头和上半身钻入洞内。如果温度不适宜，它会立即采取措施。因而，人们推测，雄眼斑冢雉的颈部皮肤等部位有非常灵敏的热探测器。

▲眼斑冢雉

自然传奇丛书

动物的体温
——恒温动物和变温动物

　　在自然界中，有些动物的体温是相对恒定的，而有些动物的体温却会随环境改变而改变，那么，这些动物是怎样调节自己的体温的，又是怎样适应周围环境温度的变化呢？

恒温动物

▲鹦鹉

▲奶牛

　　恒温动物，又叫温血动物，这类动物的体温不会随外界环境温度的改变而改变，始终保持相对稳定。绝大多数鸟类和哺乳动物都属于恒温动物，如鹦鹉和奶牛。

　　温度觉对恒温动物非常重要，它是体温调节的重要环节。温度感受器可感知外界温度或体内温度的变化并产生一定的信号，通过神经传导到大脑，产生温度觉，同时，信号也会传导到下丘脑的体温调节中枢，由下丘脑来调节机体的产热过程和散热过程，从而维持体温的恒定。

　　恒温动物的体温调节机制比较完善，能在环境温度变化的情况下保持体温的相对稳定。比如，人的正常体温约为 37℃，而鸡的体温约为 41.5℃ 左右。这些恒温动物有些会根据感受到的温度变化进行迁徙，如候鸟、马、鹿等；而有些动物在极端严寒的季节或食物不足时，就会采取冬眠的方式来适应这种环境的变化。

【南极的企鹅】

生活在南极大陆的企鹅，主要靠羽毛来调节体温。南极虽然酷寒难当，但企鹅经过数千万年暴风雪的磨炼，形成了与之相适应的独特结构：羽毛的密度要比同一体型的鸟类大三四倍，而且全身的羽毛已变成重叠、厚密的鳞片状，羽毛之间还能留住一层空气。这种特殊的羽毛，不但海水难以浸透，就是近－100℃的低温，也休

▲企鹅

想攻破它保温的防线。除此之外，企鹅有着厚厚的皮下脂肪，也可以起到御寒的作用。当然，有时它们也紧紧地挤在一起，并不断移动，以群体的力量来共同抵挡寒风和低温。

【北极的北极熊】

生活在北极的北极熊同样有其抵御寒冷的方式：北极熊黑黑的皮肤上布满了雪白色的毛。黑色的皮肤可以有效吸收阳光的热能，而皮肤外密集的毛则起到御寒的作用。北极熊最外层的毛很长，有很多油脂，具有防水的功能，可以防止内层的毛变湿。当它从海里爬出来时，只需要将身上的水抖几下，体毛就会变干。外层的长毛是中空的，几乎能将照射在身上的阳光

▲北极熊

全部吸收进来，以维持体温。同样，在北极熊的皮下有着厚厚的脂肪层，可起御寒作用。另外，北极熊外出寻找猎物或睡眠时，喜欢把自己埋在雪里，这样可以大大地减少寒风的侵袭。

【狗的舌头】

在炎热的夏季，我们经常见到狗把舌头伸出口外，气喘吁吁。这是什么缘故？原来，狗的皮肤上汗腺不发达，即使在炎热的夏天，它也不会出汗，所以无法带走

▲狗

热量。但是，狗的舌头上血液循环特别旺盛，当它们把舌头伸出来时，可以利用舌头上水分的蒸发，带走热量，从而起到"降温"的作用，这也是天越热，狗狗们喘得越厉害的原因。

▲大耳狐

【大耳狐】

大耳狐是生活在非洲草原上的犬科动物，因耳朵巨大而得名。白天大耳狐总是躲在洞穴里，晚上出去觅食。在非常炎热的环境中，它们超大型的耳朵，可以帮助它们迅速地散发体内的热量，以适应炎热的气候。

变温动物

▲鱼

变温动物，又叫冷血动物，如鱼、蛙、蛇等动物的体温往往与它们所生活的环境接近。这类动物的体温会随着外界温度的改变而改变，所以叫变温动物。在动物界中，除了鸟类和哺乳类外，其他的动物都是变温动物。变温动物虽然缺乏维持一定体温的生理机能，但并不是说它们绝对不能调节体温，它们可以寻找凉爽或温暖的环境来改变自己的体温。

对于变温动物来说，除生活在水中的外，其他很多动物常常很难度过严寒。于是，青蛙、蛇等动物为适应低温环境而进行冬眠，它们冬季减少活动，深藏在洞穴中，等到寒冬过后，气温升高时才出来活动。

【晒太阳的蜥蜴】

蜥蜴是靠阳光热量的变化来调节自己的体温的。早晨太阳刚升起时或在温度不太高的白天，蜥蜴就从洞穴出来，在阳光下伸展身体取暖，从而获得热量。而在白

▲蜥蜴

自然传奇丛书

天温度非常高时，蜥蜴则会躲避在洞穴里，以防身体过热。在太阳落山和气温下降的时候，蜥蜴又会出来晒太阳取暖。等到了晚上，它们就会蜷缩着身体，尽量保存白天所获取的热量。

【青蛙的冬眠】

随着天气逐渐变冷，青蛙的体温也会逐渐下降。当气温下降到一定程度时，为了生存，青蛙就会钻进泥土里，以躲避严寒，等到第二年春天气温升高时再出来活动。

▲青蛙

实际上，它们从夏季开始，便在自己的身体内部逐渐积累足够的营养物质，而在冬眠期间，它们不吃也不动，主要通过皮肤呼吸，并且，呼吸频率降低，血液循环减慢，新陈代谢减弱，消耗的营养物质也非常少，以此来度过寒冬。

万花筒

青蛙的夏眠

在沙漠中有一种青蛙，到了干旱的时候，就会钻到沙土下躲起来。这时，它们的皮肤表面会形成一层薄壳，防止水分散失，在沙土中一睡就是几十天，直到雨季来临，才回到地面来。它的这种在夏天不吃不动，甚至呼吸都变得很微弱的现象，就是青蛙的夏眠。

轻松一刻

一般青蛙冬眠大约 4 个月，但据报道，1782 年 4 月，法国巴黎的一位工人在地下 4 米深处的石灰岩层开采石头时，惊奇地发现石头内藏着 4 只青蛙，还是活的。石头被劈开后片刻，它们就能在地上活动，一蹦一跳的。科学家对这里的石灰岩层进行科学测定，证实它已形成 100 多万年之久了。也就是说，青蛙在里

自然传奇丛书

生物如何认知世界

面冬眠了100多万年。还有更惊奇的，1946年7月，一位石油地质学家在美洲墨西哥的石油矿床里，发掘出一只冬眠的青蛙。这只青蛙埋在2米深的矿层内，被掘出来时皮肤柔软、富有光泽，两天后才死去。地质学家对这个矿床进行了测定，证实这个矿床是在200多万年前形成的，这也表明这只青蛙埋在里面200多万年而没有死亡。

【蝴蝶翅膀上的鳞片】

▲蝴蝶

科学家们发现，蝴蝶身体表面生长着一层细小的鳞片，鳞片会随阳光的照射方向自动变换角度，从而调节体温。每当气温上升、阳光直射时，鳞片自动张开，以减少阳光的辐射，从而减少对阳光热能的吸收；当外界气温下降时，鳞片自动闭合，紧贴体表，让阳光直射鳞片，从而把体温控制在正常范围之内。

科技文件夹

蝴蝶翅膀上的鳞片与卫星温控系统

遨游太空的人造卫星在太空中由于位置的不断变化会引起温度骤然变化。当受到阳光强烈辐射时，卫星温度会高达200℃；而在阴影区域，卫星温度会下降至−200℃左右，这很容易烤坏或冻坏卫星上的精密仪器仪表，严重影响许多仪器的正常工作。后来，科学家们发现，蝴蝶身上的鳞片会随阳光的照射方向自动变换角度，从而调节体温。受此启发，科学家们将人造卫星的控温系统改成了正反两面辐射、散热能力相差很大的百叶窗样式，在每扇窗的转动位置安装有对温度敏感的金属丝，随温度变化可调节窗的开合，从而保持了人造卫星内部温度的恒定，解决了航天事业中的一大难题。

自然传奇丛书

神奇的第六感

　　人们感受周围世界主要通过视觉、听觉、嗅觉、味觉和触觉，通过这些感觉，我们可以感受周围物体的形状、色彩、质地、声音、气味等等，全面而准确地感知世界。动物除了具有与人类相似的这五种感觉之外，还有一些人类所没有的感觉，我们把它们称为第六感。有的"第六感"对我们来说是完全陌生的。许多昆虫、鱼类、两栖类、爬行类、鸟类和哺乳类动物都能感受到地球的磁场，并用它来导航；有些动物（例如信鸽、鲸）甚至能通过感觉磁场强度的细微变化确定自己所在的位置；许多水生生物能够探测到其他动物体内散发出的电场并进行电子战，如鲨鱼能够通过探测猎物的电场进行捕食；有的鱼类则能自己发射电场，通过探测电场变化发现猎物。

　　动物的第六感能更准确、更细致地感受到人类所不能感知的环境变化，甚至还有很多令人惊奇的功能和让人意想不到的效果。就让我们来认识动物的超级感官，探究神秘的第六感吧！

第六感，你有吗？

自然传奇丛书

动物是灾难报警器
——动物对灾害的预测

科学家发现，动物的某些感觉器官很特殊，对某些物理或化学变化非常敏感。例如，鸽子能够通过感受地磁场来导航；鱼能看见紫外线，对水流压力及振动十分敏感；蛇没有外耳，内耳却异常发达，能听到任何轻微振动；老鼠和猫头鹰能看到红外线；狗和猫的嗅觉惊人，听力与老鼠不相上下……因此，它们能感受到地震前零星释放出的各种电、磁、声、光、热、振动等现象，能比人类提前知道一些灾害事件的发生。

动物对地震的预测

2008 年的中国四川汶川 "5.12" 大地震人们至今还记忆犹新。地震会给人类带来巨大的灾难。据统计，全世界每年要发生 500 多万次地震，其中，破坏性的地震大约有 1000 次左右。为了避免或减少这种灾难，做好地震的预测、预报工作是极为重要的。

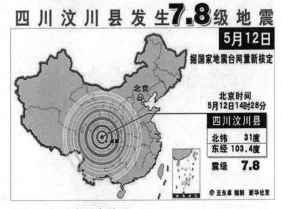

▲5.12 四川汶川大地震

地震前必有先兆，尤其是级数较大的地震之前，某些动物的反应比人要强烈。四川绵竹市西南镇檀木村震前出现了大规模的蟾蜍迁徙：数十万只大小蟾蜍浩浩荡荡地在一家制药厂附近的公路上行走，很多被过往车辆压死，被行人踩死。

2008 年 5 月 12 日 14 时 28 分，四川汶川县发生地震。震前，武汉动物园的动物就有些反应：鹤类无故叫，大象攻击人，狮虎不午睡，斑马频撞门。

深圳野生动物园的部分野生动物也表现出较为明显的前兆异常反应：鸵鸟成群狂奔、大雁集体拒食、亚洲象不

▲地震前某公路上的蟾蜍

▲地震前动物异常表现

▲地震前动物的异常表现

断长鸣、白马鸡夜不归宿、长角羚羊焦躁不安、蟒蛇钻进玻璃房、乌龟排列岸边晒太阳……该园工作人员已经将此次地震前夕动物的异常反应上报给聘请动物作为地震观察员的深圳市地震局，动物的集体异常、反常现象将为动物与地震的研究提供佐证资料。

人们在长期报震、抗震工作中，已经观察到许多动物在震前有种种异常反应：畜不进圈狗狂叫，冬眠蛇出老鼠闹，鸭不下水鸡上树，蜜蜂飞迁鱼上跳，鹦鹉撞笼鸽惊飞，狮虎哀吼狼悲号等等。从大量地震资料来看，已知地震前有异常反应的动物约有近100种，包括昆虫、鱼类、蛙、蛇、鸟类、兽类和家禽家畜等，其中以狗、鱼、猫、鸡、鸟和猪等反应最为明显。

动物为什么会预报地震

地震是地球内部巨大的能量释放现象之一。有人曾作过计算，一次7级地震释放出来的能量，相当于20多枚2万吨级原子弹释放的能量，所以，在震前必然会有各种物理、化学和气象等变化，如地热、地电、地磁、光、声、气候、地下水化学成分都会有一定的局部变化。即使是非常轻微的，一些动物也可以靠敏锐的感受力感受到这些变化，引起它们生理上和行为上的反应，这就是动物在震前的异常行为。

▲各种各样的鱼

人们虽然已经知道，有些动物能预报地震，但是，对于它们预报地震的机理还没有完全清楚。目前，科学上对此有三点解释和推测：动物能感受超声波和次声波，对热的变化高度敏感，能感受到微弱的机械振动。

第一，对超声波和次声波的感受。鱼类等水生动物能感受到人所不能感受到的超声波和次声波。

▲水母

鱼类内耳和身体两侧有侧线感受器，这是一种机械感受器，能感受1～25Hz的次声波，即使对水流压力的微小变化或微弱的水流波动也很敏感。

▲蝙蝠

水母的伞体边缘有感觉球，能感受8～13Hz的次声波。漂浮在水面上的水母，能在暴风到来之前，感受到由于流动的空气与波浪摩擦而产生的

自然传奇丛书

▲海豚

▲蛇

▲家鸽

次声波，因此及时离开浅海，避免被巨浪砸碎。

蝙蝠能感受 1500～150000 Hz 的声波。它的超声定位系统极为优越，不仅分辨率高，而且抗干扰性强，能从比信号高出 200 倍的噪声背景中接收到小昆虫身上反射回来的信号。因此，蝙蝠在地震前迁飞，可能与感受到的超声波有关。

在海洋中的海豚，能感受 50～100000 Hz 的声波，又具有完善的声呐系统。因此，它能利用超声波准确地追踪数千米以外的鱼群，并能分辨出种类。由此可见，鱼类和其他一些水生动物在震前出现异常反应的原因，很可能是与强震前产生的次声波和超声波有关。

第二，对热的变化高度敏感。在地震前，穴居动物都有明显的异常反应。例如，蛇类具有颊窝或感觉小窝，窝内的感觉细胞对热极为敏感。有人用南美洲的蟒蛇做过试验，在波长为 10600 nm 的红外线下，热量在每平方厘米 0.084 J 时，就有热感觉反应。由此推测，蛇在震前的异常反应，可能与地热变化有关。

第三，对微弱的机械振动的感受。家禽和鸟类的腿部具有微小的感振小体，它们凭此能感受到枝头或地面上十分微弱的机械振动。在强震前，

自然传奇丛书

猪、牛、羊等家畜普遍出现异常反应的原因，可能与它们的腿部、趾部和腹部肠系膜等部位分布着大量对感受机械振动非常敏感的环层小体有关。

总之，动物具有非常灵敏的特殊感觉功能，这些功能甚至比目前最先进的仪器还灵敏。因此，每一种动物的特殊感觉器官就像一台精密的探测仪，能感受地震前所产生的某种对其生活有害的物理刺激或化学刺激，从而预感到灾难即将发生，并引起惊恐和逃避反应。若能找出动物的某种感觉器官是如何接受这些物理因素或化学因素的刺激并模仿这种感官的功能，就有可能制造出某种仪器来有效地预测地震。

海啸中动物为何能够逃生

2004年12月26日的印度洋大海啸，以地动山摇之势，瞬间夺去近20万人的生命。还有一个令人难以置信的事实：这场突如其来的灾难，却"仁慈"地饶过了绝大多数野生动物的性命。动物为何具有如此高强的本领，能逃脱巨大的灾难呢？

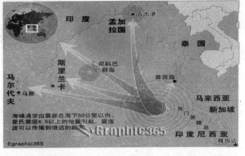

▲印度洋海啸

在斯里兰卡东南部地区亚勒，有一处面积为1000平方千米的自然保护区。海啸发生时，洪水深入内陆达3千米，毫不留情地吞噬了当地200多名居民的生命。然而，生活在自然保护区的亚洲象、豹子、野牛、野猪、野鹿和猴子等动物，却全部逃过了劫难。

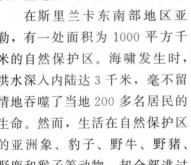

▲红鹳

海啸发生时乘坐直升机正在斯里兰卡一个小岛上空采访的美联社记者，也从空中观察到类似的现象。他说："无数只蝙蝠在岛上的岩洞里栖息，它们白天进洞睡觉，夜晚才出

自然传奇丛书

▲海啸

来活动。但是，海啸发生的那天早晨，蝙蝠全从岩洞里飞了出来。"

类似的事情，海啸受灾国都有报告。有的地方报告说，海啸发生前，当地的红鹳全都飞离了搭在低洼湖区的鸟巢。动物园里的动物都从巢穴里蹿出来，饲养员想尽办法也不能把它们弄回去。在泰国受灾最严重的一个地区，为游客表演节目的大象甚至救出了好几名日本游客。一位驯象员回忆说，海啸袭来的那个早上，我听到大象们尖叫个不停，还不听话，老把头扭向大海的方向，心里觉得非常奇怪。后来，大象纷纷挣脱绳索，开始朝着地势高的地方飞奔，许多人跟在后面。驯象员说："我朝着山上跑去，再回头时，第一个浪头刚好扑到岸边，吞掉了游客，打翻了汽车。我吓呆了。"

斯里兰卡负责野生动物的官员表示，巨浪席卷印度洋海岛沿岸，淹死了两万四千多人，但野生动物似乎都幸免于难，目前尚未发现一具动物的尸体。斯里兰卡野生动物保护局副局长 H.D. 拉特纳亚克说："没有大象丧生，甚至连野兔都活得好好的。我想，动物们可以感觉到灾难即将到来，它们有第六感，它们能够知道灾难发生的时间。"

动物为什么不迷路
——神奇的导航能力

　　每年春秋季节，候鸟都要成群结队地长途迁徙，或从北方飞向南方，或从南方飞向北方；在波涛汹涌的大海中，鱼群也要在越冬地与繁殖地之间往返洄游。在遥远的路途中，它们要觅食、辨向，要绕开障碍物。那么，它们都是用什么方法来导航的呢？原来许多动物能利用它们特殊的感官系统，并借助大自然中的各种因素例如太阳、星辰、地形、风向、磁场、偏振光、空气、水流、温度变化、可视标记、气味等多种途径获得有关的蛛丝马迹，综合判断，从而不使自己迷路。

从不迷失方向的鸟

　　在没有星星的夜晚，夜间迁徙的动物为什么不会迷路呢？研究发现，诸如海龟、鲸、某些鸟类、某些鱼类和鼹鼠等动物，可利用地球磁场进行导航。这些动物的头部有一些特殊细胞，里面含有磁性物质，这些磁性

▲迁徙中的白头鹤

物质受磁场的影响会按磁力线的方向排列。这些排列信息可通过神经系统传到大脑，大脑对这些排列信息进行分析和处理，就能指挥动物按一定的方向行进。

　　栖息于北极圈内的北极燕鸥在秋天时会飞到南极去过冬，飞翔路程有17600千米之遥。由于路途遥远，鸟儿在飞行期间要做多次中途停留，而且它们还要跨越好几个不同的气候季节带，地形复杂，气候多变，即使是

自然传奇丛书

▲北极燕鸥

▲鸟类的迁徙

最优秀的人类飞行员面对如此遥远复杂的飞行路线也会望而却步，然而北极燕鸥却能按照固定的路线毫不费力地飞来飞去。

鸟类究竟通过什么方式来导航呢？鸟类最主要的导航方法是通过地球磁场来定向。地球磁场在不同的位置其磁力的强弱和方向是不同的，这种差别就形成了一个个地磁路标，鸟儿能够通过地球磁场来确定自己的绝对位置和相对位置，将这些地磁路标作为自己的导航工具。

鸟儿的定向能力综合了多种手段，在天气晴朗的白天主要根据阳光来辨向，在阴天则根据地球磁场来定向，在日出和日落这段时间某些鸟类能根据偏振光定向。

精确的"导航系统"——海龟

印度洋里的海龟大约每四年就要跋涉数百千米回到相同的海滩产卵。法国研究人员最近发现，海龟可以依靠地球磁场来定位识途。研究人员首先捕获一批处于产卵周期初期的海龟，然后把它们送到数百千米远的海域放归大海，再通过卫星定位跟踪这些海龟返回的全过程。结果发现，海龟的"导航系统"如同一个指南针，无论海

▲海龟

龟从什么地方出发，"导航系统"总是指向其产卵地的方向。不过，海龟只能依靠自己的"指南针"辨别方位，而没有抄近路的本领，如果遇到不利的洋流，一个离产卵地只有几百千米远的海龟也许要绕道几千千米才能回到产卵海滩。研究人员因此推断，海龟的"导航系统"非常精确，但也相当简单。

在研究地球磁场对海龟定位能力的影响时，研究人员在海龟的头顶上放置了一个强磁铁，以扰乱地球磁场的作用。结果发现，海龟的定位能力明显减弱，但它们最终还是可以回到自己认定的海滩。研究人员由此推论，海龟辨别方位的方法除了利用地球磁场外，还有其他方法。

自然传奇丛书

用生物钟探测太阳方位

在加利福尼亚沿岸的美洲王蝶每年 9 月来到墨西哥，到来年春季飞回去时已不是原来飞来时的那些蝴蝶了，而是它们繁殖产生的后代。

让科学家们感到惊奇的是，在它们的脑袋里似乎天生有一张飞行线路图。回到北美大陆的美洲王蝶甚至能直接找到它们的先

▲美洲王蝶

辈出发时栖息的那棵大树。王蝶的生物钟使它们天生知道如何根据太阳的运动方向时刻调整自己的飞行路线和方向，使它们能够按照所希望的正确方向飞行。科学家们还发现王蝶到达墨西哥后其生物钟开始旋转，每天旋转 1 度，180 天后就是 180 度，而它们在墨西哥的停留时间恰好是 180 天，它们的生物钟决定了它们在秋天时飞向南方，春季时飞向北方。

用太阳做罗盘的蜜蜂

蜜蜂识途靠的是两种本领：一是"偏光导航"，二是"香气走廊"。偏光就是人眼看不见的紫外线。许多昆虫能借助太阳导航，它们能感受由不

▲蜜蜂

同角度射来的光线，见到阳光即能判断方向。蜜蜂的本领更大，阴天也能靠阳光导航。因为即使是阴天也会有部分紫外线透过云层，射到地面，太阳所在处透出的紫外线比别处多5％。蜜蜂利用这一点偏光，就能感知太阳，准确地飞回巢去。香气走廊是指在蜜蜂的腹部有一种嗅腺，蜜蜂飞行时腹部收缩，嗅腺分泌出来的香气便留在飞过的地方，后面的蜜蜂沿着香气去采蜜，许多蜜蜂来来往往，就在蜜源和蜂房之间形成一条"香气走廊"。沿着这条"香气走廊"，蜜蜂采运花粉归巢，就不会迷路。

自带罗盘的大螯虾

在加勒比海沿岸水域生活着一种形体较大的节肢类动物——大螯虾，这种动物白天栖息在暗礁中，晚上出来活动、觅食。让科学家感到迷惑不解的是，这种动物在离开巢穴很长一段距离后仍能准确无误地找到自己的巢穴。它们是如何在漆黑一片的大海中找到归途的呢？科学家们解剖发

▲大螯虾

现，在大螯虾体内前半部的神经组织中有一种类似于磁铁矿的物质。为此他们进行了一项试验，在大螯虾的洞穴附近制造了一个模拟磁场。当大螯虾感觉到某个磁场与它巢穴北边的磁场相似时它就往南爬；当它感觉到这个磁场与它巢穴南边的磁场相似时它就往北爬。这说明，大螯虾是通过体内的磁罗盘来识途的。

自然传奇丛书

月光下的粪甲虫

▲粪甲虫

许多动物能利用太阳的偏振光来确定方向，而粪甲虫可以用比太阳光弱几百万倍的月亮偏振光导航。生物学家们在夜晚观察粪甲虫的觅食行为时发现，在有月亮的夜晚，粪甲虫寻找食物、滚动粪球走的是直线，而在没有月亮的夜晚或阴天时，粪甲虫就无法保持直线行走了。

为了确定粪甲虫这种行为是月亮偏振光造成的还是月亮本身导致的，科学家们将一个偏振光过滤器放置在一个直径达 3 米的粪甲虫觅食区域内。当研究者们将月亮偏振光改变 90°后，粪角甲虫也将它们的行走路线改变了 90°。这一研究结果表明，粪甲虫能靠月亮偏振光来确定它们的行走路线，从而延长它们的觅食时间。

凭气味认路的大马哈鱼

主要栖息在乌苏里江和我国松花江流域的大马哈鱼出生不久就开始游向大海，幼鱼在大海里长大后，到秋季就会溯流而上，回到故乡产卵。大马哈鱼的"记忆力"似乎特别强，从海口到产卵地有几千千米之遥，中间有数不清的急流岔湾和支流，它们却仍能准确无误地回到自己的出生

▲大马哈鱼

地。那么，大马哈鱼究竟是通过什么来导航的呢？

最初，科学家们认为，大马哈鱼是通过星星来导航的，然而，近来有

自然传奇丛书

科学家发现，它们是通过气味来确定洄游路线的。大马哈鱼利用奇妙的嗅觉在海中做远距离洄游，每段河流对于它们来说都有自己独特的气味。沿溪流上溯要比顺流而下困难得多，但在繁殖期，它们不顾一切地洄游到四五年前孵化时所在的河床。在冲过许多七八米

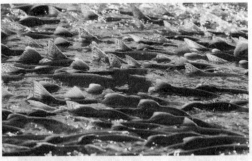

▲大马哈鱼的洄游

高的瀑布游回出生地时，它们几乎筋疲力尽，在产下数千枚卵之后，大多会死去。鱼苗要在河中用一年左右的时间觅食和成长，然后便游向大海，直到三四年后再重返故乡。

为了证实这种观点，科学家们做了一个有趣的试验。他们将从产卵地捕到的大马哈鱼分成三组，第一组去掉视觉器官，第二组去掉嗅觉器官，第三组去掉听觉器官，然后把它们放入水中。到了下一次产卵时期，仍旧在原地捕捞，结果，在捕到的鱼儿中只发现了那些没有被割去嗅觉器官的鱼。这说明，大马哈鱼是通过水中的气味来认路的。

利用电流导航的鳗鲡

▲鳗鲡

美国科学家发现，鳗鲡能利用微弱的电流导航。海水在流过地球磁力线时，会产生一种与流动方向和磁场方向垂直的电流。鱼如果对这种微弱的电流敏感，它就能利用电流来确定游动方向。试验结果显示，在海洋电场范围内，鳗鲡经过时的海流电场为每厘米

0.1～0.5伏，这种由磁场和海流相互作用所产生的电流为鳗鲡提供了很多信息，使得它们能够确定正确的行进路线。

蚂蚁的导航

科学家发现，蚂蚁具有超乎寻常的定向能力。蚂蚁外出觅食时能依靠太阳的位置和体内的生物钟寻找回家的路线，还能通过气味选择一条最近的行走线路。

蚂蚁还有另一种奇特本领——映象导航。在非洲原始森林中树木非常密集，站在地上朝上望去，一棵棵树木的树冠相互连接、交叉

▲蚂蚁

组成了一个巨大的天棚，阳光透过天棚照射到地面上，形成了斑驳陆离明暗相间的映象。一般情况下，如果没有外来因素干扰，这些映象是固定不变的。蚂蚁正是通过识别这些映象来导航的。

能"看见"磁场的眼睛

科学家将鸟类头部连接大脑与磁性细胞的神经切断，发现鸟类并未因此而丧失导航的能力。由此推断，鸟类除了靠神经联系外，还可能用另一种方式感知磁场。

将刺歌雀放在红色灯光下，它失去了方向感，而置于绿光、蓝光或白光下，方向感则很强。可见，

▲刺歌雀

一些鸟类的眼中含有能检测磁场的光感接收器，使它们看到的南方和北方呈现出不同的色彩，从而使它们能正确地判断方向。

自然传奇丛书

人所不具备的能力
——动物特有的感觉

自然传奇丛书

许多动物具有在人类看来非常神奇的"第六感"。这要归功于动物的某些特别发达的感官能力，它们能感受到很多我们人类所不能感知的声、光、电、磁场等环境变化，从而预测和躲避灾难、获取食物、防御敌害，它们依靠这些能力来保证生存。

灵敏的电场感应

许多水生生物能够探测到其他动物体内发出的电场，并进行电子战，如鲨鱼能够通过探测猎物的电场进行捕食。

因为水具有良好的导电性，所以具有能产生和接收电场的感觉器官对于在水中捕猎的食肉动物可能大有用处。非洲的一种银鲛能利用电场来进行回波探测。它利用特殊的尾部肌肉产生脉从而建立一个电场，靠头部的小孔读取电信号，在电场中躲避岩石等障碍物。有了这种本领，银鲛就可以在浑浊的水里来去自如并发现猎物。

别看鸭嘴兽长得怪里怪气的，但它也具有电子接收功能，可以进

身体圆滑无鳞

背鳍最前面有 1 根大刺能像硬骨鱼般自由竖起，刺内有毒。

雄鱼额头部分有钩形突起

食物

螃蟹　贝类

住在海底的鱼

▲银鲛

行电子定位，感知肌肉收缩所产生的电场。这意味着只要环境中有动物在运动，就会产生一定的电场，即使鸭嘴兽又聋又哑同时没有嗅觉，它也会感知到对方的具体方位。

▲鸭嘴兽

海底发电站——电鳐

栖居在海底的电鳐的身体腹面两侧各有一个肾形蜂窝状的发电器。发电器由排列成六角柱体的电板柱组成。电鳐身上共有 2000 个电板柱，200 万块电板。电板是肌纤维演化而成的，电板之间充满了起绝缘作用的胶状物质。发电器最主要的结构是器官的神经部分。每个电板的表面都分布有神经末梢，一面为负电极，另一面则为正电极。电流的方向是从正极流到负极，也就是从电鳐的背面流到腹面。在神经脉冲的作用下，这两个放电器就能把神经能变成为电能，放出电来。单个电板产生的电压很微弱，可是，由于电板数量很多，就能产生很强的电压。

▲电鳐

放电是电鳐捕食和防御敌害的一种手段，靠发出的电流击毙水中的小鱼、虾及其他的小动物。电鳐能随意放电，并能控制放电时间和强度。电鳐放出的电流可达 50 安培，电压可达 60～80 伏，有海中"活电站"之称。电鳐每秒钟能放电 50 次，但连续放电后，电流逐渐减弱，10～15 秒钟后完全消失，休息一会儿后又能重新恢复放电能力。

电鳐的放电特性启发人们发明和创造了能蓄电的电池。人们日常生活中所用的干电池正负极间的糊状填充物，就是受到电鳐发电器里的胶状物启发而制成的。

科技链接

伏特电池

19世纪初，意大利物理学家伏特，以电鱼发电器官为模型，设计出世界上最早的伏特电池。因为这种电池是根据电鱼的天然发电器设计的，所以又把它叫作"人造电器官"。对电鱼的研究，还给人们这样的启示：如果能成功地模仿电鱼的发电器官，那么，船舶和潜水艇等的动力问题便能得到很好的解决。

用电来联系的电鳗

▲电鳗

电鳗也是一种电鱼，可以用电来通讯，其不同的放电频率、放电时间、放电间隔及电场强度等等都包含不同的信息。电鳗在捕猎的时候，会以极高的频率和极大的电量放电，这时，它的同伴也都会"闻讯"赶来，这似乎是在告诉周围的同伴这里有美餐；在繁殖季节，雄性电鳗的放电频率明显增加，放电间隔变短，似乎是在告诉异性"来找我吧！"；而它们在相互攻击的时候，更是"电冒三丈"，电量剧增，似乎在说"我跟你拼命啦！"

令人羡慕的听觉

很多生物的听觉令人望尘莫及。我们的耳朵只能听到 $20\sim20000\,Hz$ 频率范围的声波，狗却能听到 $40\sim46000\,Hz$，马可以听到 $31\sim40000\,Hz$，象和牛更可听到低至 $16\,Hz$ 的次声波。由于低频声波传播得较远，象与象之间就算相距 4 千米，依然可以沟通。

▲大象

蝙蝠的喉和耳朵能起超声波发生器和接收器的作用，使其在夜间飞行中得以避开直径为 0.5 毫米的铁丝。蝙蝠能在背景噪声比回声信号强达 2000 倍的情况下，分辨出由蚊子反射的回声讯号，并且每秒钟能捕捉 10 只蚊子。有一种飞蛾的听觉系统能从噪声中分辨出蝙蝠的高频声音，在飞行中会来个急转弯降落地面，逃避蝙蝠的伤害。

超级灵敏的气味识别

▲ 蚊子

从最简单的原生动物到最高等的哺乳动物都能利用体内分泌的化学物质——外激素相互联系。飞蛾用外激素寻找配偶；蚂蚁用外激素调节社会行为、标记食物线索；哺乳动物用外激素标记领地、发出警告以及寻找配偶等。

蚊子有超灵敏的嗅觉，可凭气味选择叮咬对象。居住在同一间宿舍的人，有的人总成为被蚊子叮咬的对象，有的人却根本感觉不到蚊子的存在。蚊子（准确说是雌蚊子）之所以会叮人，是为了提高自己的繁殖力，因为人的血液里含有使蚊卵成熟的物质。雌蚊子比较喜欢含胆固醇或维生素 B 较丰富的血液。蚊子靠触须上的"化学感受器"寻找叮咬对象。此外，蚊子对人类呼出的二氧化碳和其他气味也很敏感，这些气味在空气中扩散时就像是开饭的信号。蚊子跟踪目标时，总是随着人呼出的气味曲折前进直到接触到目标，然后就落到皮肤上耐心寻找"突破口"，最后才把"针管"直接插入皮肤里吸血。

不同的视界

人眼所能看到的光谱颜色，只占光谱中的很少部分，如波长比红光更长的红外线，是人眼无法看见的。

在蝰蛇的眼睛和鼻子之间，有两个看似坑纹的细小器官——颊窝，能

自然传奇丛书

生物如何认知世界

感受红外线，就算在黑暗中，它们也能根据猎物身上发出的红外线，把猎物逮个正着。

人眼看不见紫外线。飞鸟和昆虫等，却能看见紫外线。就以蜜蜂为例，它们借助太阳来确定自己的方位，就算云量较多，遮蔽了太阳，只要有一小片蓝天，蜜蜂就能依靠紫外线找到太阳的位置。在紫

▲ 蝰蛇

外线的照射之下，很多花卉会呈现出人眼不能看见的图案和颜色，有些花卉更在花蜜所在处呈现出形象鲜明的图案，以引导蜜蜂前来采蜜。在紫外光下，花粉、花蜜所在的部位往往格外耀眼或者颜色更深，能吸引昆虫找到正确的位置，进行采蜜和传粉。

鸟类也能看见紫外光，而在紫外光之下，鸟类的羽毛会显得更亮丽，所以，在鸟类眼中，同类的色彩也许比我们看到的更绚丽多彩。有些鹰隼可

▲ 人眼中的花　　▲ 紫外线照射下的花

以凭着紫外光来确定野鼠或田鼠的位置，因为野鼠的尿和粪含有一些能吸收紫外线的化学物质，这样就暴露了自己的行踪。

自然传奇丛书

动物第六感的故事
——引发人们的猜想

　　动物能够通过察觉环境中发生的微妙变化，感知迫在眉睫的危险。现实中发生了很多神奇的第六感故事，显示了人与动物之间有种微妙的关系，人类有没有这种可以预知危险的"第六感"呢？

神奇小猫

▲猫

　　2007 年 7 月，《新英格兰医学杂志》报道了一则有趣的故事，故事的主人公是普罗维登斯市斯蒂瑞护理康复中心收养的一只名叫奥斯卡的小猫。这只小猫可以在病人临死前数小时"预测"病人的死亡。到目前为止，它至少成功预测了 25 次，每位病人临死前几小时，奥斯卡都会来到他的床边。如果奥斯卡被赶出垂死病人的病房，它就会在病房外不安地喵喵叫。当护理康复中心的工作人员注意到奥斯卡的这种特异功能之后，每当看到奥斯卡守在某位病人旁边，他们就会提前让那位病人的家属做好准备，大多数病人家属都对此表示默许。

　　奥斯卡在预测时总显得十分慎重。它会在护理康复中心的病房里徘徊，每次，它都是闻一闻，看一看，然后在它认为即将死亡的病人身边趴下，发出呜呜的声音。病人去世后，它会马上离开。

　　奥斯卡为什么会这样做？是因为它有"第六感"，还是因为它能嗅到特殊的气味，还是有其他的原因呢？大多数人认为，这可能是因为临终病人身上会散发出有某种特殊气味的化学物质，这种物质人类探测不到，但嗅觉灵敏的奥斯卡却能感觉到。

自然传奇丛书

小狗医生

有的慈善机构会向患有严重癫痫的病人提供受过特殊训练的小狗。预测癫痫发作的救助犬会主动寻找主人身上的奇特气味以及细微的特征变化（如瞳孔放大），预测癫痫何时发作，并且通过"舔"或其他方法向它们的主人发出警告。有一条名叫华生的拉布拉多猎犬，一年多来总是在主人艾米利·拉姆西癫痫发作的 45 分钟前，用爪子抓挠其主人，使拉姆西有足够的时间在病发前转移到一个安全的地方，准确率达到 97％。有人猜测，狗可能能嗅出

▲狗

癫痫病发作前病人外激素的变化。科学家认为，狗之所以能感受到其他人或动物的疾病，是因为它们与狼同源——狼具有探测人或动物是否受伤或生病的能力。

小猫千里寻主

▲猫

第一次世界大战期间，大批英国远征军在法国和法军并肩作战。一天，一位躺在壕沟中的英国中士普林斯顿突然听到了几声熟悉的叫声，不一会儿，他心爱的猫柏拉图就跳上了他的右肩。这位中士离家已有半年，在法国战场上不停地调动岗位，柏拉图是如何越过英吉利海峡，又是怎样找到他的呢？现在人们还无法解释这种现象。

有一位名叫菲特尔的英国外科医生从伦敦到苏格兰高原去旅游，中途不幸发生了车祸，他折断了一条腿而被送进了爱丁堡的一家医院，在医院住了两个多月。在他出院前夕，他心爱的猫凯蒂闯进医院并找到了他。这件事轰动了整个爱丁堡。从伦敦到爱丁堡有好几百海里，凯蒂要经过许多丘陵、山地、密林和湖泊区，要知道苏格兰有数以千计的湖泊，并且还要越过泰晤士河，这到底应作何解释呢？

神奇章鱼——保罗

2010 年，保罗在南非世界杯预测率100％，8 场全中！因为世界杯，章鱼"保罗"可谓红得发紫。

那么，有人会问，为什么德国人选择章鱼来预测比赛？

章鱼有相当发达的大脑，可以分辨镜中的自己，也可以走出科学家设计的迷宫，吃掉迷宫外的螃蟹。它有三个心脏，两个记忆系统，大脑中有五亿个神经元，称得上是逃生高手，为了避开"猎食者"的捕杀，章鱼除了运用我们熟知的拟态伪装术、舍腕，还会用两足"走路"逃生。

正因为章鱼被认为是无脊椎动物中智力最高者，所以，德国人选择章鱼来预测世界杯。

▲保罗预测西班牙战胜德国

▲保罗预测英格兰与德国之战

有人会问，为什么其他国家不用章鱼来预测本国球队的胜负呢，答案是，德国国旗是黑、红、黄，这是章鱼最喜欢的食物的颜色，分明是躲在黑暗中两条大虾。他肯定首选进攻这样的目标。澳大利亚的国旗是深蓝＋红色米字，章鱼认为，食物太小而不会选择，所以澳大利亚输。而塞尔维亚的国旗，不但有一条红色的虾，还有一个红色的螃蟹，章鱼认为更有吸引力，所以，没选德国，德国输了。按理说，加纳的国旗跟德国国旗有相似的地方，但恰恰因为那个五星，让章鱼认为有杂质或危险，反而选择德国，所以，加纳小负德国。英格兰呢？一个醒目的红十字，对章鱼而言构成了攻击性，反倒促使章鱼选择德国，结果英格兰大败。轮到阿根廷，没有任何吸引章鱼的颜色，大败无可避免。

人有第六感吗？

美国总统林肯于 1865 年 4 月 14 日遭到暗杀，这是世人皆知的史实，而林肯在死前的 3 天就预感到自己要死，并且告诉了自己亲近的人。4 月 11 日晚上，林肯做了一个噩梦：他看到白宫的一个房间正中躺着一具尸

自然传奇丛书

体，周围站满了泣不成声的人。他就问一个士兵谁死了，士兵回答说，总统被暗杀了！林肯醒来把这件事告诉了太太，第二天又讲给亲近的人听，大家都十分不安。没想到，林肯的预感真的变成了现实，4月14日，他在剧院的包厢中看戏时遭到枪杀。

人们在生活的过程中，经常对某些事物或事件会有一种直觉或预感，甚至两个不同的人之间还会有心电感应，特别是同卵双胞胎之间。有的人甚至还有一些超能力，如心电感应、透视力、预知未来以及回知过去的能力。别人心里想的事，他可以感觉得到（心电感应）；他可以"看"到远方发生的事情，或穿透障碍物看到内部的东西（透视力），他可以预知未来数小时或几天后会发生的事情（预知未来）；也可以在摸到一个人或他所用过的物品时，说出这个人过去所经历的事情（回知过去）。目前，人们能够感觉到这些现象的存在，但还是无法解释。

动动手——测测你的第六感

第六感觉是一种神秘的感觉，不同的人感知程度不同。想知道你是否有第六感吗？请用"是"或"否"来回答下列问题：

1. 曾经做过的梦境在现实中果然发生了；

2. 到一个从未去过的新地方，却发现对那里的景物非常熟悉；

3. 在别人还没有开口说话时，就已知道他想说什么；

4. 常有正确的预感；

5. 身体有时会有莫名其妙的感觉，如蚁爬感、短暂的刺痛感；

6. 能预知电话铃响；

7. 预见会碰到某人，果然如此；

8. 在灾祸到来之前有不适的生理反应，如窒息感、乏力等；

9. 常做五彩缤纷的梦；

10. 会不时听见无法解释的声音。

如果你有3个肯定的回答，你具有第六感觉；有5个或5个以上肯定的回答，你的第六感比较活跃；超过7～10个，则第六感就非常敏感了。

感受美好生活

古希腊将人体感觉分成视、听、触、嗅、闻五种感觉，由感觉器官如眼睛等搜集外界各种信息，透过神经系统传导到大脑汇集处理，形成有意义的信息或是一个具体事实的形象。如，当手上拿着一个苹果时，皮肤上的感觉器官，便把"硬硬的、冷冷的、滑滑的"信息输入大脑；苹果皮表面的光线折射到眼里，是"红色或黄色的圆球状物品"；苹果释放的香味分子刺激鼻腔里的嗅觉细胞，集合所有数据，大脑立刻可以分析出来"这是一个苹果"，从而使我们对事物有一个准确而全面的认识。

随着生活节奏的加快，周围大量的信息充斥在我们的周围，人类的五官感觉逐渐变得麻痹而迟钝。视而不见、听而不闻、触而无感、食不知味，行动时对身体无知无觉，呼吸时香臭不分……是现代大部分人的生活写照。现代人经常沉溺于单一感觉器官的使用，比方视觉或听觉，忽略其他感官的运用，也因此丧失其他感官的直接感受。所以，在人的生活中，要多种感官并用，全方位刺激感官，才能真正感受生活之美。

色香味俱全——感官与饮食

食欲的产生，除饥饿外，更是由于食物的色、香、味、形等对人体感觉器官作用的结果。在正常情况下，色、香、味、形俱佳的食物都会使人食欲大振，分泌更多的消化液；反之，就会使人食欲大减。

色香味对食欲的影响

我们中国人饮食讲究色、香、味俱全，因为色、香、味能分别调动我们人体的不同感官，从而影响人的食欲。

人通过视觉能辨别食物的颜色、形状。颜色可使人们产生某种特殊的感觉，通过视觉器官直接影响人们的食欲。右图中的两盘油焖大虾，虽然原料、营养、味道差不多，但哪一盘更能激起你的食欲呢？

▲油焖大虾

嗅觉可辨别食物的气味。嗅觉是由食物的气体分子或挥发物质作用于嗅觉器官的感受细胞引起的。人在饮食中嗅到的主要是肉类香味、饭香、菜香、酒香等，这种香气会刺激人的食欲。

▲油焖大虾

味觉可感受食物的滋味。味蕾是味觉的感受器，主要分布在舌的背面，特别是舌尖和舌的两侧。进食时味觉感受到的主要是酸、甜、苦、咸、辣、鲜等味道。

自然传奇丛书

口腔中大量的触觉和温度感受器，与味觉、嗅觉等一起使人产生了多样的复合口感。因此，在食物加工烹调过程中，注意合理调味，做到色、香、味、形俱佳，刺激进食者的食欲，既能使人增加食量，达到吸收足够营养的目的，又能给人以回味无穷的精神享受。

自然传奇丛书

食物颜色与食欲

我们常常用"色、香、味俱全"来形容美味的食物，而"色"排在第一位，这就充分说明食物的颜色对食欲的重要性。人们发现，橙色、橘色、红色、金黄色等色彩亮丽的食物可以增加人的食欲。如果你的餐桌上有这类颜色的食物，你就会不知不觉地多吃几口。另外，食品的色泽与风俗习惯、种族、地域、季节等都有很大关系，所以不同的人对食品色泽的感受差别很大。

【红色食物】

红色给人以充满活力的感觉，也是最能勾起人食欲的颜色。红辣椒、胡萝卜、苋菜、洋葱、红枣、番茄、红薯、山楂、苹果、草莓、老南瓜等都属于红色食物。

红色食物可以驱寒、预防癌症、增强记忆力、减轻疲劳和稳定情绪，还可以令人精神抖擞，增强自信及意志力。假如你生来体质较弱，易

▲西红柿

受感冒病毒的侵袭，或者已经被感冒缠上了，红色食物会助你一臂之力。如常吃胡萝卜可以增强人体抵御感冒的能力，因为胡萝卜中含有的胡萝卜素可在体内转化为维生素 A，发挥保护人体上皮组织如呼吸道黏膜的作用。

如果你食欲不佳，那么，在你的食物里加一些红色食物来增加你的食欲吧！

【黄色食物】

黄色也是刺激食欲的一种颜色，因为它常常与快乐联系在一起。你注意到一些餐馆会安装黄色喷漆的窗户，或者放黄色的花在桌子上吗？这种温馨的颜色会让你感到更加饥饿。玉米、黄豆、花生、杏、橘、橙、柑、柚等都属于黄色食物。

▲柠檬

橙黄色食物含有丰富的胡萝卜素和维生素 C、D。胡萝卜素在体内可转化成维生素 A，维生素 A 能保护胃肠黏膜，防止胃炎、胃溃疡等疾病发生及防治夜盲症。维生素 C 可以增强人体抵抗力，维持骨骼、肌肉和血管的正常生理功能。维生素 D 有促进钙、磷吸收的作用，对于预防儿童佝偻病、中老年骨质疏松症等常见病有一定的作用。所以，这些人群应偏重黄色食品。

【绿色食物】

无论是什么食物，只要是绿色的就很容易被等同为健康食品。这是因为，"安全"食品通常是绿色的，比如生菜、芹菜和黄瓜。大部分蔬菜都有助于维持人体的酸碱度，并提供大量纤维素，担负着肠胃"清道夫"的角色。绿色食物还能舒缓压力、缓解头痛等，所以很多被用于治疗疾病。此外，绿色蔬菜也是钙元素的最佳来

▲绿色食物

源，其蕴藏量比牛奶还要多，故吃"绿"被营养学家视为最好的补钙途径。

【蓝色食物】

蓝莓和螺旋藻是蓝色食品的代表，抗氧化能力最强，可以延缓，甚至转化部分衰老症状。其中的螺旋藻含有 18 种氨基酸，11 种微量元素及 9 种维生素，可以强身健体、帮助消化、增强免疫力、美容保健、抗辐射等，海藻多糖还有抗肿瘤、抗艾滋病等功能。蓝莓所含的蓝色花青素有促进视红素再合成的功效，可以明显改善眼睛疲劳。二战期间，英国皇家空军飞行员就配备蓝莓酱，以增强他们夜间值勤时的视力。

▲蓝莓

但蓝色的食物却被誉为"最让人没有食欲"的食物。有人做过以下实验：询问人们最喜欢的食品，把它们染成蓝色，然后让他们吃掉。结果显示，即使食物的味道还算正常，蓝色食物也是最让人没有食欲的。

▲螺旋藻及其生活环境　　　　　　　▲螺旋藻粉

自然传奇丛书

【黑色食物】

黑芝麻、黑糯米、黑木耳、黑豆、香菇、黑米、乌骨鸡等都属于黑色食物。它们营养成分质优量多，包括17种氨基酸及铁、锌、硒、钼等十余种微量元素、维生素和亚油酸等营养素，有通便、补肺、提高免疫力和润泽肌肤、养发美容、抗衰老等作用，并能在一定程度上降低动脉粥样硬化、冠心病、脑中风等的发生率。如黑木耳中含有丰富的纤维素和植物胶质，能促进胃肠蠕动，减少脂肪的吸收；含有的类核酸物质，可降低血中的胆固醇和甘油三酯水平，对冠心病、动脉硬化患者颇有益处；含有的多糖具有一定的抗癌作用，可以作为肿瘤病人的食疗成分。

▲黑木耳

▲香菇

【紫色食物】

黑草莓、茄子、李子、紫菜、紫茄子、紫葡萄等都属于紫色食物。它们都含丰富的维生素P和维生素C，能增强毛细血管的弹性，改善心血管功能，常吃对预防高血压、心脑血管疾病及遏制出血倾向有一定作用。

不过，每每提起紫菜，只有在烹制紫菜蛋花汤或馄饨时，才能看见紫菜淡雅的颜色陪衬着浅黄或嫩白的食物。其

▲紫色食物

实，紫菜中大量的碘元素，可以补充体内碘的缺乏，有效抵御甲状腺肿大；而丰富的钙、铁及胆碱还能够帮助我们增强记忆、促进牙齿及骨骼的健康。紫菜中的甘露醇对于水肿也很有功效，所以，请让你的餐桌上多一点紫菜的身影！

【白色食物】

菱白、冬瓜、竹笋、白萝卜、花菜、甜瓜、大蒜等属于白色食物。白色食物含纤维素及一些抗氧化物质，具有提高免疫功能、预防溃疡病和胃癌、保护心脏的作用。白色的大蒜是烹饪时不可缺少的调味品，其含有的蒜氨酸、大蒜辣素、大蒜新素等成分，可以降低血脂、防治冠心病、杀灭多种病菌，还可以降低胃癌的发生率。

虽说白色食物在总的营养价值方面排名末位，但"末位淘汰制"并不适用于它，这种食品给人干净、鲜嫩的感觉，常吃对调节视力和稳定情绪有一定作用，对于高血压、心脏病患者有益。白色食物对食欲有一定的抑制作用，所以，减肥的人应多吃白色食物。

自然传奇丛书

▲白色食物

▲白色食物

食物颜色与感官

▲五颜六色的果蔬

食物的色泽是决定食物品质的重要因素。当食物的颜色发生改变，不符合饮食习惯时，这种食品就会受到怀疑，人们在使用或购买时就会犹豫，甚至拒绝。

食品的颜色会影响感官的感觉。一般来说，红色可以使人解馋，黄色可以止渴，绿色则使人清凉。更细微的感觉是，粉红颜色的酒比淡红色、深红色、白色、棕色的酒让人感觉更甜；咖啡颜色的深浅差异会使人察觉苦味的差异较大；颜色浅的红烧肥肉比颜色深的肉更有油腻的感觉。

从生理角度讲，红色可使人血压升高，表现为呼吸急促和肌肉紧张；蓝色比较缓和；黄色使人心情舒畅；紫色或绿色则导致情绪低落。

不同的色泽还可以给人不同的温度感觉，一般称红、橙和黄色为暖色，蓝和蓝绿色为冷色，黄绿、绿、紫色为中性色。

食品颜色和食欲的关系还受到各地饮食习俗的影响，并没有固定的规律。食品色泽对食品风味的影响并不直接作用于味觉器官和嗅觉器官，而是通过心理感觉间接地影响人们对食品风味的品评。

色泽对食品风味的衬托作用是非常重要的，特别是人为改变食品颜色将导致感官对食品风味品评的偏差。华盛顿大学进行了大量关于颜色对味觉影响的研究。在一个研究项目

▲令人垂涎欲滴的美味

▲色泽美观的甜品

▲冷饮

自然传奇丛书

生物如何认知世界

中，受试者品尝饮料，并且能够看到饮料的"真实"色彩，这种情况下，他们总是能正确辨认出饮料的味道。然而，当他们看不到饮料的颜色时，他们就会辨认错误。例如，当受试者看不到葡萄饮料的颜色时，只有70％的人尝出它是葡萄饮料，15％的人认为是柠檬酸；只有30％的品尝了樱桃饮料的人认为它是樱桃，大多数人认为樱桃饮料是柠檬酸。

自
然
传
奇
丛
书

色彩搭配和谐
——营造温馨家居

　　我们生活在五彩缤纷的世界里，每时每刻都在享受着红、橙、黄、绿、青、蓝、紫带给我们的精神愉悦。家庭居室、商店橱窗、四季服饰、一日三餐、日用器皿……无一不靠色彩为之增辉。家居的色彩搭配直接影响着我们每天的生活，影响着我们的心情，所以，只有注重家居的色彩搭配，我们才能营造一个温馨的家，一个幸福的港湾。

色彩的特性

　　色彩有多重特性，每一种特性都会对人的心理产生不同的影响，从而影响人的心情。

【色彩的冷暖感】

　　色彩会给人的生理带来温暖或凉爽的舒适感，也会使人产生燥热或寒冷等不适感。红、橙、黄色使人很自然地联想到阳光、火焰，给人以温暖或燥热不安感。淡蓝、蓝绿、蓝紫、白色等颜色与蓝天、海洋、冰雪有联系，可令人产生凉爽舒心或寒冷孤寂的感觉。为了调节生理和心理上对冷热感的差别，在天气炎热的夏季，人们应选择浅色、冷色，如白色、蓝色等；而在寒冷的冬天则选用暖色或暗色，如红色、黑色等。

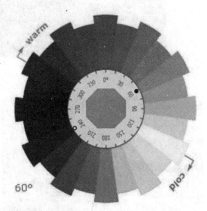

▲色彩的冷暖

【色彩的轻重感】

　　明亮的色彩显得轻，幽暗的色彩显得重。淡蓝、绿色使人感觉轻，黑色、红色、橙色使人感觉重。

【色彩的空间感】

一般说，暖色使人感到占据空间大，离人的距离近，从而使人产生空间的拥挤感；而冷色会使人产生收缩、后退、远离的感觉，从而使人感到空间的扩大。

▲冷色家居

▲暖色家居

▲洁净的卫生间

【色彩的情趣感】

色彩本身并无感情和情趣，但是，由于民族习惯、传统爱好、宗教等

【色彩的清洁感】

灰暗、深绛、藏蓝等深色，常会使人怀疑其背后是否掩盖了污垢，使人产生不干净的感觉。有的颜色则显得十分清洁，如白色调上淡黄色，暗示了清洁卫生，白色中加绿或淡蓝，会使人感到冰清玉洁。

的影响往往使人产生种种联想，使颜色蕴涵了种种情趣。红色使人热烈、兴奋、欢快；绿色让人宁静、温柔、有生命力。中国封建统治者将黄色作为至高无上的象征，而有些国家却把黄色看作绝望甚至死亡的象征。中国人以白色衣服作为丧服，而西方却以白色衣服为结婚礼

▲喜庆的色彩

服。总之，色彩只有与一定内容结合，才会给人带来美感。

知识窗　　　**色彩的情感语言**

红色：热烈、喜悦、果敢、激昂

黄色：光辉、庄重、高贵、忠诚

蓝色：幽静、深远、冷静、阴郁

绿色：健康、活泼、生机、发展

黑色：沉默、神秘、恐怖、压抑

白色：单调、朴素、坦率、纯洁

灰色：和谐、浑厚、静止、悲哀

彩色：杂驳、缭乱、绚丽、幻想

家居的色彩搭配

【客厅的色彩】

客厅是居室的"心脏"部位，是全家人起居活动的共享空间，也是接待来客的"门面"之地。客厅的风格反映了主人的性格、品位。根据客厅的大小和主人的兴趣爱好，我们可以用不同的色彩营造出不同的氛围。唯美时尚的客厅，能让我们在赏心悦目的环境中享受悠闲的舒适生活。

居住在日照充足地区的人，室内喜欢用蓝、绿、灰等冷色系，而居住

生 物 如 何 认 知 世 界

在日照不足地区的人们，则喜欢用红、橙、黄等暖色系来装饰房间，这是因为，内外环境的差异能给人带来一种心理平衡。当然，将客厅在夏天粉刷成冷色调，冬天再转为暖色的想法虽符合心理需求，但并不太现实。所以用窗帘、沙发、靠垫等软性织物，根据不同季节进行冷暖变换是最简单有效的办法，如夏天采用淡蓝、浅绿，冬天用橙、红，春天尝试黄、粉等色彩。

▲不同的色彩，不同的风格

一般来说，鲜艳的暖色给人活泼、热烈的感觉，适合年轻人的客厅；淡雅的冷色则平静、舒缓，适合老年人。在色彩的选用上，搭配也是一个应重点考虑的问题，即地板、墙壁、天花板的颜色应协调一致。天花板的

自然传奇丛书

颜色一般应比墙面浅，墙面又浅于地面，这样能营造一种平衡、宽敞、亮堂的空间感觉。

灯光的颜色是客厅色彩的重要组成部分。传统的白炽灯灯光柔和，呈色性良好，可使墙面、天花板、地面及家具的色彩产生各种奇妙的复色效果；偏黄的灯光有温暖感，适合温馨风格的客厅；现代的各种荧光灯节能省电，发出的光线多呈冷色，适合素雅风格的客厅。当然，如果想让客厅呈现出丰富的光色效果，应该将多种照明方式结合起来，利用暴露光源（吊灯、吸顶灯、壁灯）及隐蔽光源（筒灯、槽灯），使灯光冷暖、明暗相配，根据不同的氛围设置不同的灯光环境。

▲客厅灯光营造色彩氛围

【卧室的色彩】

卧室是所有房间中最为私密的地方，具有安静、温馨的特征，同时也是最浪漫、最有个性的地方。

卧室的颜色搭配影响着整个卧室的格调，可以运用色彩对人产生的不同心理、生理感受来进行装饰设计，以通过色彩配置来营造舒适的卧室环境。卧室应在色彩上强调宁静和温馨的色调，以有利于营造良好的休息气氛，一般以蓝色调系列、粉色和米色调系列居多。

▲卧室的不同色彩，营造温馨浪漫的氛围

【厨房的色彩】

　　厨房的布置要使人感觉干净、愉悦。厨房家具的颜色常用明度较高的
色彩如白、乳白、淡黄等，能够刺激食欲的色彩如橙红、橙黄、棕褐等颜
色则起搭配作用。绝大多数的厨房家具色调应以柔和为主，不宜直接采用
原色、让人感觉不干净的颜色或不能刺激食欲的颜色。

▲干净整洁的厨房

【餐厅的色彩】

餐厅环境的色彩能影响人们就餐时的情绪，因此，墙面的色彩应以明朗轻快的色调为主，它们不仅能给人以温馨感，而且还能提高进餐者的食欲，促进人们之间的情感交流。当然，在不同的时间、季节及心理状态下，对色彩的感受会有所变化，这时可利用灯光的折射效果来调节室内色彩气氛。

▲不同风格的餐厅

【卫生间的色彩】

当你劳累了一天感到疲惫的时候，可以在卫生间这个小天地中放松身心。卫生间的色彩除了白色，还可以是红色、黄色，甚至是黑色。只要搭配得当，卫生间也可以是一个多姿多彩的心情世界。

一般来说，白色的洁具，显得清新淡雅；象牙黄色的洁具，显得富贵高雅；湖绿色的洁具，显得自然温馨；玫瑰红色的洁具则显得浪漫含蓄。不管怎样，只有以卫生洁具三大件为主色调，与墙面和地面的色彩互相呼应，才能使整个卫生间协调舒适。

自
然
传
奇
丛
书

自然传奇丛书

▲清新的卫生间

把失去的找回来
——感官功能再现与克隆

在生活中，经常会因为一些先天或后天因素造成人的某种感官缺陷或感官功能出现问题，影响人的生活甚至危及生命。随着科学的发展，人们正在尝试用各种各样的方法来弥补这种缺陷，把失去的感官和功能找回来，使每个人都能正常的、幸福的生活。

人工耳蜗

人工耳蜗又称人造耳蜗、电子耳蜗，是一种替代人耳功能的电子装置，它能让生活在无声世界里的人重新聆听虫鸣鸟唱、万物之声，帮助患有重度、极重度耳聋的成人和儿童重拾听的感觉。人工耳蜗技术已经从实验研究进入临床应用，成为目前全聋患者恢复听觉的唯一有效的治疗方法。

人工耳蜗是由耳蜗内

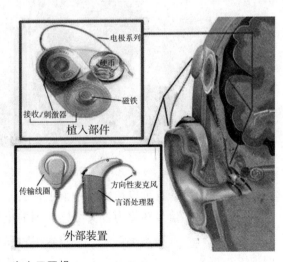

▲人工耳蜗

的植入电极、言语处理器、方向性麦克风及传送装置所组成。声音由方向性麦克风接收后转换成电信号再传送至语言处理器并将信号放大、过滤，然后由传送器传送到接收器，产生的电脉冲送至相应的电极，从而刺激听神经纤维兴奋并将声音信息传入大脑，产生听觉。

研究表明，多数全聋患者是内耳的耳蜗部分发生病变，无法将振动转变成神经信号，而其听神经多是完好的。人工耳蜗利用植入内耳的电极，绕过内耳受损的部分，用电流直接刺激听神经，使患者重获听觉，这是助听器无法做到的。由于人工耳蜗是利用电刺激产生的听觉，因此植入者听到的不是我们正常人听到的声音，而是一种模拟的声音（像听机器人说话），需要经过语言训练才能理解别人讲话。

用舌头代替眼睛

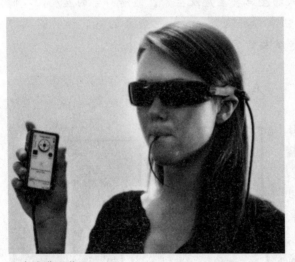

▲大脑港口装置

盲人没有视觉，他们主要靠听觉、触觉等来认识世界，给生活带来很大的不便。如今，一种名为"大脑港口"的装置可以帮助盲人"看见"世界。

2009 年 9 月，美国科学家研制出一种突破性的电子装置——大脑港口，可以让盲人用舌头"看世界"。这种装置外形像一副太阳镜，太阳镜的中间安装有微型数码摄像机，拍摄的图像信息可以传输到一个手机大小的便携式控制装置上。这一装置可以将数字信号转化为舌头可感觉到的电脉冲，然后通过一个"棒棒糖"式的塑料装置发送至舌头。实验表明，电脉冲信号不断刺激舌头表面的神经，舌头将这种刺激传到大脑，大脑又将这些刺激转化为图像，让盲人感知周围环境。测试中，使用"大脑港口"的盲人能找到路，注意到走在前面的人，还能接到移动中的球。

海军使用这种装置能解放潜水员的手和眼，这样，他们的眼睛将不再会受到束缚，想看什么就看什么，可以四处寻找水雷，而且还能注意到那些从黑暗中突然出现的物体。陆军特种部队使用这种装置，

自然传奇丛书

可让士兵在夜间不必戴上笨重的夜视镜也能工作，而且能全方位地看到头部四周的影像。

人造器官——鼠背耳朵

2001年2月，一只背上长着"人耳"的老鼠在北京展览馆与观众见面，曾经轰动一时。这只老鼠其实是一只切去脾脏的裸鼠，全身没毛，"人耳"与裸鼠的躯干几乎等长。这只裸鼠背上的"人耳"形成的过程是：先用一种高分子材料——聚羟基乙酸做成"人耳"的模型支架，

▲长人耳的老鼠

然后取人体的软骨组织细胞，使其在这个支架上生长繁殖。一周以后，在裸鼠的背上割开一个口子，将培育过的这个"人耳"模子植入缝合，软骨组织的细胞不断增殖，聚羟基乙酸做成的支架慢慢地被机体降解吸收，使"人耳"和裸鼠融为一体。由于人的软骨组织对裸鼠来讲是一种外源物质，必然会引起裸鼠的排斥反应，因此，这只"人耳老鼠"在缝合手术前已切去了脾脏，使其丧失了免疫力。这样它很容易被病原体感染，所以，"人耳老鼠"要在无菌的环境下饲养。人造耳的成功标志着人们已经可以制造人体器官，在不远的将来，可能会造出更多的人体器官，治疗一些难以治愈的疾病。

克隆器官不是梦

在现实生活中，有很多病人因为某一器官功能衰竭或病变而危及生命，最根本的治疗方法就是器官移植。但是，进行器官移植面临很多的困难：一是供体不足，二是会产生排斥反应。

生物如何认知世界

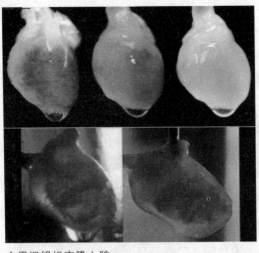

▲用旧组织克隆心脏

在我国，器官移植供体严重缺乏，且质量上没有保证，例如，我国约有 100 万尿毒症患者，每年新增 12 万人，每年需要肾移植的患者约有 50 万人，而全国可供移植的肾源仅有 4000 个，他（她）们中的多数人，或过早地离开了人世，或只能依靠透析来维持生命，在绝望中苦苦地等待。

进行异体器官移植，移植后往往会出现排斥反应，只能靠长期吃抗排斥反应的药物来维持，一旦排斥反应较强，被移植者的生命将危在旦夕。抗排斥反应的药物不但价格很高，而且有较大的副作用。为解决这一问题，医学界正在不断地尝试一种新的器官培养技术，就是自体器官克隆技术。

科学家们设想，建立一个器官银行：提取出人的胚胎干细胞，并以这样的干细胞作为"种子"，克隆出人的各种器官，储存起来备用。如果某个器官发生病变需要移植，到器官银行换一个新器官就可以了。这样，既可以解决供体不足的问题，又不会产生排斥反应。

有一个美国妇女在一次煤气炉意外爆炸中受伤。医生从她身上取下一小块未损坏的皮肤，送到一家生化科技公司。一个月后，该公司利用先进的克隆技术，让这一小块皮肤长成了一大块皮肤，移植到病人身上后使患者迅速痊愈。加拿大的两位科学家用取自人眼角膜的细胞培育出了人造角膜。在 2006 年，美国科学家已经在实验室中成功培育出膀胱，并顺利移植到 7 名患者体内。

科学家们推测，在未来 10～20 年内，克隆人体器官将成为一个产业。到那时，人的任何一个器官坏了或有了严重的毛病，换一个新的器官就行。在可以预见的将来某一天，这种技术可能缓解捐献器官紧缺的局面，为那些急需器官移植的患者带来福音。

讲解——克隆从胸骨开始

美国少年肖恩天生没有胸骨，这使他的每一次运动都成为一次冒险，稍有不慎就可能使缺乏保护的胸腔器官受伤，带来生命危险。从事人体器官研究的波士顿儿童医院的科学家们从他身上取下一块软骨，在体外利用克隆技术进行培养。几周以后，克隆胸骨培养成功，医生们将这副克隆胸骨移植到肖恩身上。由于这副克隆胸骨是用肖恩自己身体上的细胞克隆的，避免了器官移植中常危及人生命的可怕的排斥反应，克隆胸骨在肖恩体内生长良好。一年后，肖恩的胸部已与正常人一模一样，克隆胸骨很协调地随着肖恩身体的长大而长大。